青少年益智丛书

趣说理财故事

吴文静 / 编著

时代出版传媒股份有限公司
安徽教育出版社

图书在版编目（CIP）数据

趣说理财故事 / 吴文静编著. —合肥:安徽教育出版社,2018(2019.3重印)
(青少年益智丛书)
ISBN 978-7-5336-8678-9

Ⅰ.①趣… Ⅱ.①吴… Ⅲ.①财务管理—青少年读物
Ⅳ.①TS976.15—49

中国版本图书馆 CIP 数据核字（2018）第 100838 号

趣说理财故事
QUSHUO LICAI GUSHI

出 版 人:郑 可
质量总监:姚 莉
策划编辑:杨多文
责任编辑:艾尚武
装帧设计:阮 娟
责任印制:王 琳

出版发行:时代出版传媒股份有限公司 安徽教育出版社
地 址:合肥市经开区繁华大道西路 398 号 邮编:230601
网 址:http://www.ahep.com.cn
营销电话:(0551)63683012,63683013
排 版:安徽时代华印出版服务有限责任公司
印 刷:三河市南阳印刷有限公司

开 本:650×960 1/16
印 张:9.75
字 数:120 千字
版 次:2019 年 3 月第 1 版 · 第 2 次印刷
定 价:23.00 元

前　言

某夏令营曾经举办过这样一个有趣的活动：主办方给每个孩子发了100元钱，让他们去购买规定的生活、学习、游戏用品。孩子们高高兴兴地去了超市，一个小时之后，他们带着购买的物品回来了。但是，令主办方哭笑不得的是，孩子们花钱就像天女散花一样，根本就是漫无目的，更别说精打细算了。有些孩子花了一多半的钱，却只买了一件规定的物品。比如一个孩子先花65元买了一大瓶洗发水，这样一来，再用剩下的钱购买学习和游戏用品就不太宽裕了；其实有很多比较便宜的小瓶洗发水可以选择。还有一个孩子用80元买了变形金刚玩具，用18元买了两盒饼干，结果等到买学习用品时，只买了一本2元钱的笔记本。

可见，现在的很多孩子根本没有理财意识，对物价也没有概念，更不会进行购物规划。不少孩子在买东西时，都是看到什么就拿什么。买回来后却发现自己根本用不上，于是随手丢在一边。怪不得一些父母经常这样抱怨："我的孩子都这么大了，什么都不会干，就会乱花钱！"

在我们这个以勤俭持家、精打细算为传统美德的国度，当人们的生活一天天富裕起来之后，对于孩子们来说，理财教育却还是一个盲区。

理财能力是一种基本的生存能力，金钱问题是人人都要面对的问题。在过去，人们的观念是：钱是挣出来的，不是省出来的。但现在的观念是：钱是挣出来的，更是理出来的。

理财是人生的重要一环。那么到底什么是理财呢？简单地说，理财就是一门关于怎么赚钱、花钱和省钱的学问。大到购房置地，小到柴米油盐，一切与赚钱、花钱、省钱有关的事项，都可以归入理财的范筹。

提起理财，很多人以为是最近几年才“流行”起来的。其实不然，早在中国古代，人们就有理财的观念了。春秋时期的范蠡，可称为中国理财第一人，范蠡人称“陶朱公”，不但善于赚钱，更善于理财，是历史上有名的大富翁。

对于青少年来讲，理财是人生的一门重要课程。越早学习理财，就能越早具备理财能力。本书教给青少年各种理财知识和技巧，引导他们养成良好的理财习惯。这样他们将来才能创造更多的财富，拥有更多的财富。

目 录

第一章 “理财”是一种生活能力

第二章 挥金如土的后果

第三章 债务是看不见的魔鬼

第四章 居安思危的投资——保险

第五章 做一个省钱达人

第六章 玩转信用卡

第七章 鸡生蛋，钱生钱

第一章　理财，是一种生活能力

每个人都希望过上幸福美满、一生富足的生活，但是如果不善于理财，这个理想就很难实现。理财虽不能让人一夜暴富，但是可以帮你合理分配财产，让你拥有更加安稳富裕的生活。善于理财，就能拥有更多的财富。要想生活得好，就一定要会理财。对于青少年来说，理财是人生的一门重要课程。而且，学习理财要趁早，越早接受理财知识，就会越早具备理财能力，就会让你拥有积攒更多财富的机会。

犹太人和钱

公元前63年，亡国的厄运不幸降临在犹太人身上。犹太国家因内乱而日渐衰落，日益为罗马所控制。为了摆脱罗马的统治，犹太人发动了无数次反抗战争，其中最大的一次爆发于公元66年。经过4年的战争，罗马人征服了耶路撒冷，焚烧了犹太人的圣殿，并将众多犹太人放逐。

于是，犹太人开始了世界大流亡的生活。在之后2000多年的艰难岁月里，犹太人不但没有消亡，反而顽强地生存下来，并且成为“世界第一商人”。他们所依靠的，只有一个字——钱。

犹太人的长期流亡，使他们对钱有了特殊的感情。因为每当紧急关头，他们必须再次踏上逃亡之路时，钱就是最便于携带的物品。犹太人认为，要获得幸福的生活，必须先有钱，这样才能在精神上愉快，生活才可以过得舒服。不要相信穷人可以生活得幸福，事实上贫穷的人大多过着悲惨的生活，他们的脸上总是写满了沧桑和苦难。没有好的生活，人就容易悲伤、衰老、心情苦闷，甚至不得不放弃美好的梦想。贫穷会给人带来痛苦和挫折感，让人对生活丧失

信心。

犹太人对金钱有着很深刻的认识，他们终生都在追求金钱。人们常常这样说："世界的金钱装在犹太人的口袋里。"犹太人对任何跟钱有关的问题，都会非常认真地考虑。

钱对任何人都是重要的，人只要活着，就离不开钱。宽敞的房屋、舒适的家具、现代化的电器、时尚的服装等，这些都需要用钱去买。而要想有钱，就必定要懂得理财。然而，有很多人对理财不屑一顾，认为理财不是一件很光彩的事，不正大光明，觉得如果一个人老算计着花钱，会被人看不起，自己也觉得很没出息。

事实上，这些观念是不正确的，自己挣钱，自己理财，合理合法地为自己、为家庭积累财富，又不是非法所得，有什么难为情的呢？

理财是一件很有意义的事情，也是一件必须要做的事。通过理财，可以获得资产增值，使得个人财富最大化。理财还可以保证家庭财产的安全。当遭遇金融风暴时，能够保证财产数额完整，即保证资金不会因亏损和贬值而遭受损失。

人活在世上，难免会遇到一些意外事故，而通过理财，就可以很好地应对意外事故。当风险到来的时候，正确的理财计划能帮助人们将损失降低。比如通过完善的保险计划，可以使你在遭受意外灾难时，仍然能过上正常的生活。

理财可以保证老有所养、幼有所依。随着老龄化社会的到来，现代家庭呈现出倒金字塔结构。奉养老人、养育子女是中国人的传统，但是现代社会这两方面的成本都很高，对年轻人来说压力很大。及早制订适宜的理财计划，保证自己晚年生活独立、富足，是每个人都要面对的问题。所以，理财对于每一个人都非常重要。

理财小讲堂

对于一个家庭来说，应该如何分配家庭的收入呢？

第一，生活费。生活费是一家人的日常开销，包括衣食住行和亲朋好友之间的礼尚往来。

第二，应急钱。应急钱是用于应对失业、家人生病等意外开支的。应急钱可以用来投资短期银行储蓄、短期国债等理财产品，这些投资收益低，但是流动性好，可以随时变现。

第三，养命钱。养命钱包括自己的养老金、子女的教育金等。养命钱可以用于投资定期银行储蓄、债券基金、社会保险等。这些投资有固定的收益，非常安全。

第四，闲钱。闲钱是家庭近期内不用的闲置资金，这些钱可以用来从事风险性投资，比如股票、房地产、外汇、收藏品等。这些投资虽然风险大，但是利润高。

第五，保险钱。理财仅仅依靠攒钱和生钱是不够的，因为有可能一次意外事故（疾病、工伤、车祸等）就让你倾家荡产。而保险能够提供补偿性资金，当遇到意外事故的时候，帮你度过财务危机。

因此，可以把家庭收入分成五份：生活费、应急钱、养命钱、闲钱和保险钱。这样合理分配之后，当遇到意外的时候，就不会出现捉襟见肘的状况。

妻子的储钱罐

从前，有一对夫妻，到了过年的时候，家家户户都开始办年货，可是他们生活拮据，拿不出钱来置办。妻子很生气，就责怪丈夫不该天天抽烟，浪费了那么多钱。第二年，妻子为了让丈夫警醒，就准备了一个装钱的罐子，取名为“储钱罐”。丈夫每买一包烟，妻子就往储钱罐里投入和一包烟价格相同的钱，这样一直坚持到年底，储钱罐里积攒了不少钱。妻子把储钱罐里的钱倒出来，过了一个富足的新年。

丈夫一看自己一年花掉了那么多钱去买烟，心里也很自责。从此，就戒了烟。丈夫不再抽烟了，妻子也就不再往储钱罐里投钱了。可到年底的时候，夫妻俩发现办年货的钱又没了。他们怎么都想不明白：今年又没有抽烟，这钱哪里去了呢?

其实，道理很简单，钱，就像流水，如果不把它聚集起来，它就会到处乱流，至于最后流到哪里，自己也很难回忆起来。丈夫不再买烟了，妻子也不再往储钱罐中投钱了。这样一年下来，虽然没有抽烟，但也没有攒下钱，最后连钱用到什么地方都忘了。

由此可见，人必须养成储蓄的习惯。然而，有些赚钱少的人觉得，我现在还没什么钱，所以不用存钱，等将来有钱了再存也不晚；而另外一种赚钱多的人则认为，反正我有钱，存不存都没关系。事实上，这两种人的想法都不对，人不管有钱没钱，都必须储蓄。

在过去，父母为了教育孩子存钱，往往会给孩子准备一个“扑满”。“扑满”就是用泥烧制而成的储钱罐，这种储钱罐上只有一个很小的小孔，硬币可以放入，但没法取出来。小孩平日将父母给的零花钱省下来，从小孔塞进罐中，“扑满”储满了，小孩便将“扑满”打碎，从里面取出钱，去买一些糖果。

在如今的社会上，很多年轻人都是月光族、透支族。那些本来计划存钱的人，在周围人的影响下，存钱计划也变得难以执行，这样就导致年轻人有存款的越来越少。其实，正因为自己收入少，为了现在以及将来的生活，才需要及早着手储蓄。与其他的理财方式比起来，虽然储蓄的收益比较低，但它对理财的水平要求不高，人人都可以轻松做到。

很多人手里经常会有一些零钱，但是过了几天，这些零钱就全都不见了，自己也不知道都花到哪里去了。像这样的情况，就可以考虑零存整取的储蓄形式，这样也算是半强制性地为自己积累资金。积少成多，看似不起眼的零钱，也能日积月累成为一笔可观的财富。

如果打算储蓄，就马上开始。绝不要等到“有钱了再去储蓄”，那样的话，将永远都没有开始存钱的那一天。决定了从今天开始储蓄，就马上去开户。所谓“聚沙成塔”，平时小额存款积累多了，才会有大笔的财产。储蓄是所有投资理财的基础，只有养成良好的储蓄习惯，才能更好地进行其他方面的投资理财计划。

有计划地储蓄理财，需要付出实际行动，需要树立信心，更需要持之以恒的精神。通过储蓄，一方面可以纠正自己不良的消费习惯，另一方面也可以为自己以后的投资理财打下基础。总之，学会储蓄理财，对以后的生活好处多多。

理财小讲堂

如果是个人储蓄，一般可以从以下两个方面来考虑：

第一，如果是采用定期存款的方式，利率相对较高，收益也较好；而活期存款的好处是取款方便，但是利率比较低。所以，储蓄最好采用定期和活期相结合的方式，以定期存款为主，少量使用活期存款，这样既保证了储蓄收益，自己用钱也比较方便。

第二，有人习惯将钱全部存成定期，这样一旦遇上急事，就只能将存款全部取出，使得利息损失。如果采用“金字塔”存钱法，就可以避免这种情况发生。比如你有1万元，可以分别存成四张定期存单，存单的金额应该呈金字塔状，以适应急需时不同的数额。就是说，将1万元分别存成1000元、2000元、3000元、4000元四张1年期定期存单。用这种存法，假如一时急需动用2000元，就只需支取2000元的存单，可以避免只需要小数额、却不得不动用“大”存单的弊端，从而保证了利息不受损失。

雕刻匠的致富秘诀

从前,古巴比伦有位叫阿卡德的大富翁。阿卡德本来是个雕刻匠,做的是雕砖的工作。有一次,一位富人向他预订一块雕砖,要他在这块瓷砖上刻上法律条文,时间非常紧,要求第二天完工。

聪明的阿卡德对富人说,他愿意连夜赶制,保证明天天一亮就能完工,但是有一个附加条件,就是富人必须告诉他致富的秘诀。

富人同意了。到天亮时,阿卡德果然按时刻好了砖,就向富人请教致富的秘诀。富人问他:“如果你有一个篮子,每天早上向篮子里放十个鸡蛋,而当天只能吃掉九个,最后会如何呢?”

阿卡德回答说:“迟早有一天,篮子会被装满的,因为每天吃掉的鸡蛋比放进去的少一个。”

富人笑着说:“致富的首要原则就是,如果你每次赚 10 个钱币,但是每次只能花掉 9 个。也就是说,在你赚的钱里,一定要存下一部分。财富的增长就像树的成长,都是从最小的种子开始的。第一笔存下的钱就是财富成长的种子,一开始不管赚多赚少,总得存下 1/10 的钱来。这就是致富的秘诀。”

阿卡德听了富人的致富秘诀,就照着去做了。他把每次赚来的钱都存下 1/10,作为他财富成长的种子。后来,他用这存下来的财富种子做生意,果然也成了富翁。

这个故事说明了理财中一个非常重要的原则，当你收入10元钱的时候，你最多只能花掉9元钱，让那1元钱老老实实留在钱包里。在任何情况下都不要破例，哪怕你只收入1元钱，也要把这1元钱的1/10存起来。千万不要小看这一法则，它可以使你的财富从无到有，从少变多。财富的不断增多会激发人对美好未来的追求。

有一位家庭主妇说，前几年她丈夫做生意不顺，赔了不少钱，一家人在经济上几乎陷入困境。她买菜的时候，甚至为了一角钱和菜贩子讨价还价，孩子吃个冰淇淋都舍不得买。但是，即使这样，她也一直保持着节省1/10收入的老习惯。虽然有时候看到一家人过得这么艰苦，她也很犹豫是不是还要把1/10的钱拿出来放在一边，但是最后她还是咬着牙这么做了。后来，事实证明，她的做法是对的，当她人到中年的时候，她已经存了一笔钱。她给家人买了一套比较宽敞的房子，还让一家人有了一些享受，并且不再为一些经济上的问题担忧。

要养成储蓄的习惯，其实并没有想象中的那么难，可是很多年轻人很难自觉做到这一点。他们一拿到薪水，首先想到的是商场里那双漂亮的皮靴，或者是和朋友到某个饭店大吃一顿。这样一来，一个月的薪水很快就花光了，月底的时候，连饭钱都要发愁，更别说存钱了。因此，年轻人应该强迫自己养成储蓄的习惯，不能随心所欲地乱花钱。其实，只要一开始强制自己储蓄，哪怕是不自觉的，时间长了就变成了一种习惯。如果你每一次得到一笔钱或者每个月得到薪水之后，都把其中的1/10强制存入银行，日积月累，几年之后，你就会发现自己有了一笔可观的财富。

每次积攒一点点，虽然不可能一夜暴富，但一段时间之后，就可使你存下一笔钱。储蓄的数目不在多少，贵在坚持，哪怕只是储蓄一点小钱，集腋成裘，聚沙成塔，时间长了，也成了一大笔钱。

人的一生都离不开理财，只要日积月累，就一定能有一笔可观的积蓄。当然，理财也意味着善于分配钱财，更好地利用钱财为自己服务。储蓄的同时，也要做到适度消费，享受钱财带来的快乐，让人生更精彩、更有意义。

理财小讲堂

既然理财是人一生的功课，那么应该如何开始理财呢？

第一，搞清自己的财产状况。先搞清楚自己现有的财产状况，以及未来的预期收入，这样才能知道自己到底有多少财可以理，理财才不会陷入盲目。

第二，设定理财目标。有了财富目标，才能从时间、金钱数额和理财步骤上制订出具体的计划，才不会盲目行事。但是，设定理财目标应该与人生各阶段的需求相配合。

第三，选择合适的理财类型。明白自己承担风险的能力，以及对各个理财方式的驾驭能力，选择适合自己的理财种类，才能轻松地操控自己的财富。

第四，合理安排现有财产。理财一定要制订计划，计划制订以后，每年至少要检查一次，以便根据实际状况的改变而做出相应的调整。

积谷防饥的妇人

古时候，有一户人家，公公婆婆、小叔小姑、大哥大姐，全家上下十来口人。这年春天，这户人家娶了个新媳妇，新媳妇不但长得水灵，还勤快能干。于是，煮饭的任务就落在了这个新媳妇的身上。新媳妇有个奇怪的习惯，就是每天煮饭的时候，总是从锅里抓一把米出来，放到一个特备的米缸中。家里人都笑话她这种行为，但她不以为意，依然每天这样做。

过了一年，当地发生了严重的旱灾，地里的庄稼几乎颗粒无收，很多人家都揭不开锅了，只好四处讨饭。这时候，这户人家的新媳妇打开了那个特备的米缸，里面有她攒了一年的米，于是，这家人就靠着这些米，得以熬过了饥荒。村里人无不夸新媳妇会过日子。

这就是流传很久的积谷防饥的故事，它告诫人们在生活富裕的时候要储存粮食，以防备饥荒年月。也就是只有做到了未雨绸缪，才能有备无患。因为大部分人都有这样一种习惯，就是有钱时随意花，从来不为将来打算。积谷防饥的故事就是教人

们如何规划自己赚来的钱，该用的就用，能不用的就存起来，以防将来不时之需。人的一生，谁也不能保证自己会一帆风顺，难免会遇到一些危机和困难，只有提前预防，当危机来临时，才可以安然地渡过难关。比如有的人一直享受着优厚的薪水，可是由于某些原因，突然失业了，而他又没有任何积蓄，这个时候，可想而知，他的生活将会过得非常凄惨。如果能在平时存下一笔积蓄，那么就算突然失业或者遇到难关，也能安然渡过。

有一年快过年的时候，某高校的BBS上有一则帖子非常火爆，内容大致是这样的：学生们本来指望奖学金发下来，就可以买车票回家过年，结果奖学金被拖了半个月，他们着急了："不发奖学金，叫我们怎么回家啊！"

这则帖子道出了很多同学的尴尬处境：年底没钱回家！其实，这些学生的家长并不是不给他们生活费。大部分学生在学期开始时，都是由家长在银行卡中存入一个学期的生活费。很多同学一开始都会把自己每天的开支记录下来，但是这种情况一般坚持不久。他们觉得这样太麻烦，因为"突发状况"实在是太多了！同学、朋友来访，除了到饭店吃一顿，还得带着逛街、游玩。此外，还得时不时地请女朋友看场电影，买点零食，加上一些意外请客与活动花费，再加上电话费、上网费等，这样一来，整个学期的钱都在前半段时间花掉了。

"养儿防老，积谷防饥"说的是养育子女以防老年无所依靠，保存谷物防备饥荒。这句话表面上是说给老年人听的，实际上，对青少年更有教育意义。民间有句俗语："晴天要积落雨粮。"也就是好天气的时候，一定要把坏天气时要吃的粮食备好，免得到时候让自己陷入困境。

那些不懂得"积谷防饥"的人，一旦遇到经济危机，就会陷入被动状态，甚至衣食无着，流落街头。所以，任何一个有劳动能力的人，不管赚多少钱，都应该拿出来一部分储存起来，以备在疾病或者失业等紧急情况下使用。这样才不会事到临头，才开始后悔。

理财小讲堂

如果觉得养成储蓄的习惯比较困难，可以尝试用以下几种方法“强迫”自己存钱：

第一，如果平时有了获奖、稿酬、亲友馈赠和其他临时性收入时，将这些钱及时存进银行，而不是马上挥霍掉。

第二，给自己设立一个具体目标。如果有了一个明确的目标，就可以让你的省钱计划更加易行。比如你打算花3000元给自己买台电脑，有了这个目标，储蓄的时候就有了督促自己的动力。

第三，让储蓄自动化。想办法让储蓄变成一个自动的流程。让你的银行在每月的第一天自动把账户里的100元(200元或500元)转到储蓄账户中，根本不需要你动手，钱就自动存了起来。

只贷一美元的大富翁

一个犹太人走进纽约的一家银行，来到贷款部，然后坐了下来。

“先生，我可以为你做点什么？”贷款部经理一边问，一边打量着这个客户。

“我想借些钱。”犹太人说。

“好啊，你要借多少钱？”

“1 美元。”犹太人说。

“1 美元？你真的只需要借 1 美元？”贷款部经理好奇地问。

“是的，只借 1 美元，这难道不可以吗？”犹太人说。

“噢，当然可以，不过只要你有足够的担保，再多点也可以。”经理说。

“好吧，这些做担保可以吗？”犹太人说着，从皮包里取出一些金条、股票，还有一些珠宝首饰，放在经理的写字台上。

“这些价值总共 50 万美元，够了吧？”犹太人问。

“当然，当然够了！不过，你真的只要借 1 美元吗？”经理疑惑地看着眼前的怪人。

“是的。”犹太人说着，接过了经理递过来的 1 美元。

“年息为 6%，只要您付出 6%的利息并且一年后归还，我们就可以把这些股票和珠宝首饰退还给您。”经理说。

“谢谢。”犹太人说完，站起来准备离开银行。

一直站在旁边冷眼观看的银行行长，怎么也弄不明白，拥有 50 万美元的人，怎么会来银行借 1 美元。于是他跟随着犹太人走到大门口，对犹太人说：“先生，请稍等，我有一件事情不明白。”

“有什么事情不明白？”犹太人问。

“我是这里的银行行长，可是我实在不明白，你拥有 50 万美元，为什么只借 1 美元呢？要是你借 30 万、40 万美元的话，我们也会很乐意。”银行行长说。

“是这样的，在我来这里之前，曾经问过了几家金库，他们保险箱的租金都很昂贵。但是，我又必须寄存这些东西，而在贵行寄存这些东西，一年只需花 6 美分，租金简直太便宜了。”犹太人狡黠地说。

银行行长恍然大悟，原来这个聪明的犹太人是用了巧妙的方法来寄存贵重物品，省去了高额的租金。这个故事告诉我们，在理财时一定要多动脑筋，尽可能规避风险的同时，还得想办法以最小的付出，赢得最高的回报。比如在储蓄方面，就有许多窍门。大家都认为银行是执行国家的统一利率，所以大部分人在存钱时一般都是随意选择一家银行。其实不然，在同一个地区，不同的金融机构存款利率是不一样的，比如在浙江、福建、黑龙江、吉林等部分市县的农村信用社，存款利率比其他银行高30%。聪明的储户就会在考虑存款安全的前提下，把积蓄全部存到农村信用社。这样一年下来，10万元的存款实际获得利息比在其他银行多出近500元。

要想应对利率调整，储户可以采取阶梯存储法，以10万元为例，其中4万元为活期，供随时支取；余下6万元中，1年期、2年期、3年期定期储蓄各存2万元。一年后，将到期的2万元再存3年期，以此类推，三年后持有的存单全部为3年期，但到期年限不同，依次相差1年。这种储蓄法既能获取3年期存款的较高利息，又能应对存款利率的调整。

还有一种比较巧妙的储蓄法，也可以让你得到很多实惠。就是每月存入一定的钱，所有的存单年限相同，只是存款到期日分别相差一个月。这种储蓄方法能够发挥储蓄的灵活性，一旦遇到急事，需要用钱的时候，就可以支取到期或近期将要到期的存单，减少了利息损失。

另外，银行一般都有代客理财产品，就是把钱放到银行里，自己不用操心，银行会集中这些资金进行国债回购、炒汇、申购新股等理财运作，盈利之后投资人可以得到一定的利润。对于储户来说，这种方式和储蓄一样省心，又能够获得高于定期存款的收益，因此可以一举两得。

理财小讲堂

下面的几种储蓄方式组合，会让你存钱最划算：

方式一：递进式存钱法。递进式存钱法是将相同的金额以不同存款期进行储蓄。比如现有3万元，以1万元为单位分别存为1年、2年、3年定期。一年后，就可将到期的1万元转存成3年定期。三年后手中所持有的存单全部为3年期，只是到期年度依次相差1年。

方式二：利滚利存钱法。假如现有1万元，可以先考虑把它存成“存本取息”储蓄，先把这1万元存进银行，一个月后，取出第一个月的利息，再用这第一个月的利息开设一个零存整取户头，以后每月把利息取出来后，存入零存整取储蓄，这样不仅存本取息储蓄得到了利息，而且利息在参加零存整取储蓄后又获得了利息。

方式三：7天存钱法。7天通知存款约定转存，可以把短期存款收益率从活期利率提高到仅次于3个月定期存款的利率，并能随时支取。比如把1万元钱采用7天通知存款约定转存的方式存入银行，28天后到该行来取款，在这28天里，银行每过7天为你计算一次利息，并把利息与1万元本金一起转存为新的7天通知存款。

买轿车和买房子

迈克和杰克是一对亲兄弟，八年前，他们的父亲去世了，给两兄弟每人留下了 30 万美元。三年后，他们都花掉了这 30 万美元。迈克购买了一套房，现在这套房子的市值是 70 万美元。而杰克却购买了一辆轿车，如果他现在要出售这辆轿车，市值仅为 6 万美元。而且，迈克将房子出租，每年还会收到 3 万美元的租金，五年下来，又积累了 15 万美元。杰克虽然也努力赚钱，却没有什么节余，因为每年的节余，几乎都填补了养车的费用。

如此一算，八年前的 30 万美元，一个已经增值到 85 万美元，而另一个只剩下 6 万美元。同样的 30 万美元，为什么会产生如此大的差别？就是因为两个人花钱的方式不同。迈克花钱是“投资”行为——钱其实没有花出去，只是转移到了房子里，以后还是都归自己。而杰克花钱买车是“消费”行为——钱是花出去的，车用过几年之后，成了二手车，贬值了。

所以，理财不但要会赚钱，还要会花钱。有很多人之所以穷，并不是因为不会赚钱，而是因为不会花钱。许多人将注意力过度地集中在挣钱上，误以为只有挣了大钱才会成为富翁。其实不然，不会花钱，依然不会留住财富。有趣的是，很多上班拿着高薪的年轻人，很可能积蓄还不如一个普通的家庭主妇多。可见，管理财富比获取财富更重要。

比尔·盖茨说过："花钱花得有智慧，是和赚钱一样难的事。"有一年，在上海的国际顶级私人物品展示会上，许多天价汽车、游艇、私人飞机、名贵手表、高级成衣、极品洋酒等顶级奢侈品很快被买走。当时，连外国参展商也不禁感叹："想不到中国富豪会那么慷慨！"或许有人认为，钱是富豪们自己的，他们愿意用钱追求奢侈生活，别人无权过问。但是，这种一掷万金的"炫富"大赛，真的就表明中国人的富有程度已经领先全世界了吗？事实上，如果论富有，比尔·盖茨富可敌国，不知比炫富的中国富豪们富了多少倍，但是从来没有听说过他乘坐顶级豪华轿车。可见，人在花钱的方式上，有多么不同！

有很多青少年，甚至青年人，由于其年龄和心理的特点，希望别人能够更多地关注自己，因此就更愿意花钱来装饰自己，以期引人注目。年轻人适当花钱买服装装饰自己的外表，也无可厚非，但是单纯的、毫无意义的金钱攀比，则没有丝毫意义。有些年轻人为了不落在别人的后面，显得比别人阔绰，就不惜代价地攀比，促使了大量的畸形消费。比如中学生林林要过生日了，为了显示自己的"身份"，就邀请了一些"有钱有势"的同学，要开个盛大的聚会，但他并没有邀请小童。小童一听，便说："我也要开一个聚会，并且要比林林的豪华一百倍。"于是，他买了满桌子的高级饮品、食品，并且布置了很多昂贵的精美的鲜花，小童心理上得到了极大满足，神气得不得了，并觉得自己很"牛"，虽然他为此花掉了自己半年的零花钱。

并不是每个花钱的人都“会花钱”，有很多人不会花钱，他们只会乱花钱，钱用不到有用的地方。花钱是一种智慧，“会花钱”的人往往是花了100元钱，却得到了120元甚至更高价值的商品；更有些深谙花钱学问的聪明人，花了100元却挣了1000元。

生活中，“会花钱”的人会把钱花得恰到好处，把每一分钱都花在刀刃上。他们的原则是：我有钱，但不意味着我可以胡乱花钱。在不放弃生活的享受、不降低生活品质的前提下，“花最少的钱，获得更多的享受”，这正是“会花钱”的人的智慧。

理财小讲堂

人们在购买物品或者服务的时候，他们真正想得到的，其实是一种良好的自我感觉。比如人们买房子是为了获得有家的感觉；买汽车是为了拥有出行自由的感觉；买音响是为了身心愉悦的感觉；买一个自己心爱的玩具，则是为了满足对那个玩具占有的感觉。

同样是花钱买感觉，与其花在消耗型的享受上，不如花在投资型的享受上。专家认为，像汽车和家电，都是短期的享受，对长远的生活没有太大的帮助，价值也会随着时间折损。但是花钱报个培训班，就属于投资型的享受，价值不但不会折损，也许还能给自己带来更好的工作机会。

第二章　挥金如土的后果

近年来，社会上流行一种“月光族”。所谓“月光族”，就是这样一群年轻白领，他们在对待金钱的问题上盲目、困惑、自制力较差。“月光族”和“购物狂”一样，都喜欢疯狂消费，在他们眼里，只有今天的享乐，根本没有对明天的规划。在理财上，他们大多挥金如土，喜欢追逐新潮，购买名牌和奢侈品，根本不在乎钱财。这种疯狂消费带来的后果，只是让自己的生活陷入一种捉襟见肘的狼狈状况。

一双象牙筷子

商纣王是商朝的最后一个国君，在他刚即位的时候，天下人都认为他精明能干，在他的治理下，商朝一定会越来越富强。可是他的叔父箕子并不这样认为。

有一天，商纣王命人用象牙做了一双筷子，吃饭的时候，他十分高兴地用这双象牙筷子就餐。叔父箕子见了，劝他收藏起来，平时不要用这样的筷子吃饭，而纣王却满不在乎，认为叔父小题大做。

箕子为此忧心忡忡，摇头叹息，有人见了，就问他为什么不高兴。箕子回答说："纣王现在用象牙筷子吃饭，以后就不会再用土制的瓦罐盛汤装饭，肯定要改用犀牛角杯和美玉碗了；有了象牙筷子、犀牛角杯和美玉碗，难道还会用它来盛粗茶淡饭吗？大王的餐桌从此就离不开美酒佳肴了；吃的是美酒佳肴，穿的自然要绫罗绸缎，这样一来，当然也不能住在普通的房子里，这就必然还要大兴土木，建造富丽的宫殿。这样没有止境的挥霍实在让人担忧。"

果然，五年后，商纣王由于骄奢淫逸，经常通过横征暴敛来满足自己不断膨胀的享乐欲望，遭到老百姓的强烈反抗，国内战乱四起，不久就断送了商朝绵延几百年的江山。

人的消费习惯，都有一种不可逆性，即易于向上调整，而难于向下调整。比如你现在住的是普通的民房，突然让你搬进一套豪华别墅，你会觉得十分舒服；但是等到住了一段时间，你习惯了豪华别墅的舒适与气派，这个时候再让你搬回原来的民房，你就会感到痛苦万分。同样，如果突然给一个经常吃糠咽菜的人一桌子美味佳肴，他会吃得很幸福很开心；但是要是一个人吃惯了山珍海味，鸡鱼肉蛋，突然让他天天以草根充饥，他会感到生不如死。

宋代政治家司马光曾经说过：“由俭入奢易，由奢入俭难。”说的就是这个意思。经济学家把这种现象叫作棘轮效应。棘轮效应认为，人的消费决策有时候取决于消费习惯。这种消费习惯受许多因素影响，如人的生理需要、社会需要、个人经历等。特别是个人在收入最高期所达到的消费标准，对消费习惯的形成有很重要的影响。因为人在收入最高的时候，吃穿用必定都是高档的，如果突然降低下来，他会感到很难受。因此，就算收入突然降下来，他也会竭力保持高收入时期的生活水平。

棘轮效应是出于人的一种本性。人都有七情六欲，饥饿了就想吃东西，寒冷了就想穿棉衣，这是人与生俱来的欲望。人有了欲望，就会千方百计地寻求满足。从个人的角度来说，对于欲望既不能禁止，也不能放纵，在物质的渴求方面，对于过度贪得无厌的奢求，必须加以节制。

有很多身家亿万的富豪，在对待子女生活方面，从来都是极其严格。沃尔玛的创始人山姆·沃尔顿曾这样警告他的后代：“子孙当中，要是有谁胆敢玩弄纨绔子弟的那类奢侈品，我到地狱里也要起诉他。”有些富豪从不给孩子太多的零花钱，甚至寒暑假还让孩子四处打工。

这些富豪并不是苛求子女能为自己多赚一点钱，而是他们认为拥有很多不劳而获的财富，对于年幼的子女来说并不是件好事。他们希望子女懂得每一分钱都来之不易，懂得俭朴和自立，就是为了避免由棘轮效应带来的负面影响，以至于将来应了“富不过三代”的老话。

理财小讲堂

洛克菲勒是全世界第一个拥有10亿美元资产的大富翁，他是这样给孩子们发放零用钱的：七八岁时每周30美分；十一二岁时每周1美元；12岁以上者每周2美元，每星期发放一次。同时，他还给每个孩子发个记账本，要他们把每笔支出都详细地记录下来，到领钱时交给他审查。如果账目很清楚、钱的用途正当，下周的零用钱上浮10美分，反之则下调10美分。

在家里，洛克菲勒还规定，孩子们做家务事也可以得到报酬，补贴各自的零用钱。例如，清洗一次碗碟能得10美分，打扫一次房间可得10美分，整理一次书架能得5美分。他的二儿子纳尔逊（后来担任美国副总统）和三儿子劳伦斯（后来兴办新兴工业），还主动合伙替全家人擦鞋，长筒靴每双10美分，皮鞋每双5美分。他们在十一二岁时，还合伙养兔子，并卖给医学研究所以赚取零用钱。

即便后来儿女们离家上大学时期，洛克菲勒仍规定，他们的零用钱与一般人家的孩子的日常开销相仿，如有额外用途必须另行申请，得到他的批准了方可领取。

拿破仑用铝碗

法国皇帝拿破仑是一个喜欢炫耀的人。他常常大摆宴席,宴请王公贵族。然而奇怪的是,几乎每次宴会,他都让客人们用银质餐具,他自己却经常用一个铝制的碗。为什么贵为法国皇帝,不用漂亮的银质碗用餐,而偏要用色泽暗淡的铝碗呢?

原来,在大约200年前的拿破仑时代,冶炼和使用金银已经有很长的历史,宫廷中的餐具几乎都是银器。可是,在那个时候,人们才刚刚懂得从铝矾土中炼出铝来,冶炼铝的技术还非常落后,炼铝十分困难。所以,当时铝是非常稀罕的东西,十分昂贵,不要说平民百姓用不起铝制品,就是大臣贵族也用不上。只有在皇宫里,才有不多的几件铝制品。拿破仑让客人们用银质餐具,自己用铝碗,就是为了显示自己是至高无上的高贵的皇帝。

拿破仑这种行为明显属于炫耀性消费。这种消费行为的目的不在于其实用价值,而在于炫耀自己的身份。这种炫耀心理其实在普通人的日常生活中也很常见。很多时候,人们买一样东西,看中的并不完全是它的使用价值,而是希望通过这样东西显示自己的财富、地位或者身份。

在某豪华写字楼里上班的赵娟,平时总是一身名牌,普拉达的裙子,路易威登的包包,香奈儿的香水……浑身上下彰显着炫目的奢侈,

令许多同龄的女伴羡慕不已。当同伴们问到赵娟的收入时，赵娟总是笑而不答。于是，同伴们更加羡慕赵娟，都认为她拿着高薪，过着“锦衣玉食”的生活。

有一天，赵娟的一位朋友去她家，发现赵娟正在家里吃泡面。朋友很奇怪：“你那么有钱，一身名牌，怎么吃起了泡面？”

赵娟听了，苦笑了一下：“为了这些名牌，我不但天天在家吃泡面，在公司也是天天吃盒饭。其实我的收入并不高，买这些奢侈品让我感到很吃力，但是在我们公司，大家都很在意品牌，见面第一眼就看你穿什么鞋、背什么包。的确，奢侈品就是和普通品不一样，就像路易威登的包，背在身上，确实整个人的气质就不一样了，特显有品位，虽然天天吃泡面，但我也觉得这消费很划算。”

像赵娟这样的都市白领并不在少数，她们在为路易威登手袋着迷的时候，想的是又需要吃很久的泡面。赵娟对奢侈品顶礼膜拜的原因，是追求一种心理满足。虽然入不敷出的消费让她感到很大压力，然而，奢侈品所带来的虚荣心的满足，又让她对这些奢侈品欲罢不能。

炫耀性消费常常是爱慕虚荣的表现，像赵娟这样的消费者，事实上并没有高消费的能力。这些人进行奢侈消费，目的在于提高自己的“身价”。在她们看来，只有拥有某些奢侈品，才能让自己的“身价”提高，才有资格和那些“上流社会”的人平起平坐。但是，由于自身经济状况并不好，因此高消费带给她们的，常常是“死要面子活受罪”的下场。

在国内，奢侈品消费呈现出一种畸形的消费状况。世界上奢侈品消费的平均水平，一般是用自己财富的4%左右去购买。而在国内，很多人是用自己财富的40%，甚至更高的比例去购买。像赵娟这样的伪“富豪”，恐怕为了奢侈品，最少要花掉自己财富的80%。

另外，我国奢侈品消费还存在另一种奇怪的现象，就是购买奢侈品的人群越来越年轻。要想购买奢侈品，必须有雄厚的经济实力，从社会的财富占有规律来说，社会主要财富应该集中在40岁到60岁的中老年人手中，他们才应该是奢侈品消费的主体。但是，在国内，73%的奢侈品消费者不满45岁，45%的奢侈品消费者年龄在18岁至34岁之间。这就和世界上别的国家形成了鲜明的反差。造成这种现象的原因除了文化差异之外，就是年轻人强烈的虚荣心在作怪。而这种虚荣心带来的恶果，就是让自己的钱包干瘪，甚至让自己陷入财务枯竭的境地。

理财小讲堂

购买奢侈品，最好能够做到理性，而且还要选择适合自己的购买途径。一般来说，以下几种方式购买奢侈品最划算：

第一，众所周知，购买奢侈品，国内专柜比国外贵了不少，所以去国外的时候算好汇率、货比三家，比在国内专柜购买实惠很多。

第二，在国内购买，可以去折扣店、二手店。奢侈品二手店里的货品来源，都有专门的鉴定师严格把关，不仅绝对是正品，而且大多是八九成新的货品，折扣却可以低到半价。另外，一些奢侈品折扣店也是淘大牌的好地方。这类店铺里的货品，通常是店主直接从国外的奥特莱斯、工厂店或是供货商那里拿到的打折货品，放到国内来卖，比较便宜。

第三，网购也是一种不错的方法。国外有很多发展成熟的奢侈品折扣网站，网站实行会员邀请加入制，或者采用填写申请、有名额时被吸纳入会的方式。

爱面子的“月光先生”

李凯是北京的一位高级白领，他毕业于某名牌高校，拥有博士学位，在一家外企任部门经理，年薪 30 万元，是个令人羡慕的高级白领。为了配得上自己高级白领的“身份”，他浑身名牌，手腕上是一款最新款的瑞士金表，身上穿的是世界顶级品牌阿玛尼的西装，开着奔驰车，经常出入高档消费场所，真可谓是风光无限。可是这么一位“有身份有地位”的“体面人”，年终回家过年的时候，连买一张机票的钱都没有，还是硬着头皮找同事借的。这么一个高收入的人，一年下来，他不但没有积攒下一分钱，而且还欠银行十万余元的贷款，是一位彻彻底底的“月光先生”。

这位收入丰厚的李先生，怎么也和那些刚毕业的大学生一样，是个“月光族”呢？原来，这位先生觉得自己学历高，收入高，工作单位又体面，于是自我感觉已是一位成功人士。成功人士就不能太寒酸，否则会被人笑话。于是，他贷款买了奔驰车，租住高级公寓，香槟只喝法国的，吃饭只去高档餐厅，穿衣服必定得是世界顶级品牌……这样下来，虽然他工资高，可是花的钱多，理所当然也就成了“月光族”。

人人都有虚荣心，人活在世上，都会自觉或不自觉地跟周围的人进行攀比，都希望在别人面前显得风光。比如有时候你会问自己：同是一个办公室的同事，为什么小李天天开私家车上班，而我只能骑自行车？为什么小王年纪轻轻就有一套别墅，而我只能租房子住？为什么小赵能穿高档品牌的衣服，而我只能穿地摊货？诸如此类的问题多着呢。这就是虚荣心在作祟，从而引发了虚荣消费。很多人没钱，不是因为他挣得少，而是因为他花得太多。喜欢摆阔、爱面子，只能让自己负债累累、入不敷出。

爱在人前摆阔，装门面，一般是由人们的虚荣心引起的，而爱慕虚荣又是人与生俱来的天性。喜欢装门面的人，总是希望掩饰自己的真实困境，并为此竭尽全力地粉饰表面的生活状态，看上去像个绣花枕头。

小孟平时都是骑自行车上班，最近交了个女朋友，就觉得不能再骑自行车了，必须买车。因为如果推着一辆自行车去接女朋友，他觉得会很没面子，如果开辆新车停在女朋友面前，那种感觉要多神气就有多神气。于是，为了能有辆车，小孟到处借钱，再加上贷款，终于买了一部车。刚开始的时候很兴奋，不但天天带着女朋友兜风，朋友家有个事，他也会很热心地去当个司机，但时间一长，发现油钱还要自己掏，再加上每月的停车费和保养费，小孟的日子过得捉襟见肘起来。后来，连停车费也交不起了，银行又天天催着还贷款，把小孟弄得焦头烂额，一看见那部车就唉声叹气。

像小孟一样，那些爱慕虚荣的人不顾个人的支付能力，一味追求外在的体面，比如通过负债或者赊账来为自己添置漂亮的衣服、豪华的房子，为的就是在别人面前抬高自己。所以，尽管他们赚了很多钱，但因为挥霍而一直挣扎在贫困的边缘，虽然外表看着光鲜，但是自己有苦说不出。

理财小讲堂

年轻人如何合理分配自己手中的钱，才不至于入不敷出呢？可以大致把日常生活的开销分成三块：

第一，饭钱。每天用在吃饭上的开销是多少，一定要明确。平时要买的饮料、水果、零食也要一并算进去，否则很可能让你的支出超出预期。

第二，日常花销。包括交通费、手机费、宽带费等琐碎的开支，需要计算出来，因为这些支出相对零散，且数额通常不大，所以容易忽略。正是这种忽略，才让你的开支总是超出预算，如果不想超支，还是把它们算进你的支出里。

第三，应酬。跟朋友吃饭、和同事郊游、给家人买礼物等，都离不开钱，最好先看看这个月有多少亲人朋友过生日，先把这些钱拿出来。否则，难免会出现“月末四处补亏空”的状况。

“团购狂人”的消费单

赵敏是一家网站的编辑，她有个习惯，每天早晨都会提前十分钟到办公室。她一坐到办公桌前，第一件事就是打开电脑，不是开始工作，而是先浏览各类团购网站，选择一些自己感兴趣的下单购买，然后才开始一天的工作。她多次成功团到1元咖啡、5元护手霜、28元双人套餐等商品。朋友们周末逛街，到了吃饭的时间，她总能在手机上翻出附近餐馆的团购券。一次，她被安排出差，白天忙着去见客户，晚上才有空上网，发现某网站团购的一家酒店的自助餐，非常划算，但是早已被抢完，她后悔不已。此后，如果知道第二天早晨无法上网，她就索性熬到半夜，浏览完团购内容，下了订单买了东西，才上床休息。因此，被同事们戏称为“团购狂人”。

但实际上，因为工作繁忙，一些订单直到过期她都没时间去消费，不得不申请退款或直接浪费掉。比如有一次，她在某团购网站上看到一个黄金蛙牛柳套餐，68元，适合4～5个人吃。赵敏一看这么划算，想都没想就团了下来。可是团了之后，工作突然忙了起来，一直没空去吃，就把这事忘了。后来想起来一看，还有两天就要过期了，而且要求下午6点前就要入座，赵敏上班，6点前肯定是赶不到的，最后这张看似很“划算”的团购券只好作废了。这让赵敏很心疼，发誓再也不团购了。可是没过几天，看到便宜又喜欢的团购，还是忍不住心里痒痒，结果又

掏钱了。疯狂团购让赵敏的钱袋每个月都空空如也，甚至有时候为了团购还去刷信用卡。

团购是近几年流行起来的消费方式，参加团购的大多是年轻的白领，团购已成了她们日常生活的一种习惯，一天不团购就手痒。原价450元的美发套餐仅售49元，只要98元就能吃到原价350元的料理……如此令人心动的价格，每天都在各类团购网上吸引着人们的眼球。美食、服装、电影票、化妆品、零食等，日常生活中几乎没有不能团购的东西。

团购价格便宜，这就导致了很多团购者的盲目消费，很多团购者会购买一些根本不需要的东西，一旦临近到期，就抓紧时间消费。事实上，过度的团购看似捡到便宜，实则是非常大的浪费。因为有很多团购者由于没有时间去消费，不得不将团购的订单拿出来转让，有些还是亏本转让。就像赵敏说的："我尤其喜欢买餐饮优惠券，看到便宜的就买，但是很多时候买下来了却没空去消费，结果都过期了，也就浪费了。"

此外，因为每次参与团购的人数少辄数千，多辄上万，而且大都集中在一个时间段内去消费，商家的服务质量明显下降。像赵敏一样，白领小萧也是个团购达人，他在网上团购了情人节当晚的一套情侣大餐，团购价只要168元，这个价格比当晚西餐厅上千元的套餐价要便宜得多。小萧正在暗自得意，自己花了这么少的钱就可以享受一顿大餐。可是让他始料未及的是，仅仅两天内，那套情侣套餐的预订量就已经达到了5000份，而那家餐厅的实际面积只有100平方米。到了情人节那天晚上，小萧接了女友，一起奔赴这家店时，店里已经挤满了人，外面还排起了长队，看来想在10点前吃到晚餐基本不可能了，最后小萧只好和女朋友另找餐厅吃饭。然而，第二天，他准备向餐厅申请退款时，对方却告知他，店里已经在团购的网页上张贴出，套餐的使用期限截止到情人节当天晚上12点，若没有消费也只能算自动弃权。小萧白白损失了一百多元，但也无可奈何。

心理专家认为，团购其实是商家的一种心理战术，他们大多在网站上鲜明地标出原价和团购价，对比效果很明显，这样就突出了折扣力度；随着网页上团购人数的不断增加，形成了一种类似商场抢购的购物氛围；而且团购都是限时下单，让顾客有了“机不可失”的心理暗示。这些手段都能最大限度地激发顾客的购物冲动。因此，在进行团购前，应该先冷静地想一想，自己到底需要不需要这个商品，或者到底有没有时间去消费，然后再去下订单也不迟。对于可要可不要的东西，坚决不团，以免花一些不必要的冤枉钱。

理财小讲堂

对于一些“团购狂人”来说，参加团购如何才能做到理性消费呢？

第一，特别远的最好不要团。除非是特别有名气，特别想去的餐馆，其他的尽量不要团，因为普通的餐馆，算上交通费和来回的时间，其实多半根本会不划算。

第二，不要盲目相信折扣率。如果一份烤鱼1折后36元，听起来很划算，但实际上平常可能也就这个价。或者只是一盘菜特价，需要再点别的才能吃饱，这样一来商家又都赚回去了。

第三，先去网站看评论。对于同一个时间段相似的团购信息，可以参考点评信息进行挑选。

第四，特别喜欢吃的多团几份。多团几份爱吃的，过段时间去吃一次，或者跟朋友结伴去吃，这比多次尝新要保险一些。

第五，团之前先了解情况。在下单前，先和商家通电话了解情况，如果是特别火爆的商品，电话打都打不进去，还是打消团购的念头吧。

屡次自杀的中奖者

英国《每日邮报》曾经报道过这样一件事情：2003年，年仅16岁的英国少女考利·罗杰斯幸运地中了彩票大奖，赢得了近190万英镑（当时约合307万美元）的奖金。但是，仅仅时隔6年，罗杰斯已经挥霍掉了所有奖金，并面临破产。更可悲的是，6年中她曾两次企图自杀。

一夜暴富的罗杰斯先是花了55万英镑购买并装修了4个家——她自己的、她父亲的、她母亲的（她的父亲和母亲分居）以及她祖母的。随后，她又花了20万英镑去度假，26万英镑购买汽车和礼品，20多万英镑购买高档服装，还做了一个价格高昂的丰胸手术。此外，她还花了约7万英镑用于支付相关法律的费用。

与此同时，罗杰斯还交了许多男友，她用在给这些男友买礼物的钱高达18万英镑。但是，金钱也没有换来爱情和幸福。罗杰斯先是与进过监狱的劳森同居，两人生育了一个儿子和一个女儿。但是罗杰斯与劳森生活得并不幸福，劳森经常偷她的钱，跑到酒吧喝得酩酊大醉，为此，罗杰斯曾服过量药物企图自杀。

几年奢侈的生活之后，罗杰斯几乎花光了所有的钱，她在经济上陷入了困窘，最后不得不把房子卖掉，与母亲住在一起。为了维持生计和养活三个孩子，她最后不得不同时做三份清洁工作。

据美国国家经济研究局的一项调查显示，近20年来，欧美的大多数头奖得主在中奖后不到5年内，就因挥霍无度等原因变得穷困潦倒。美国彩票中奖者的破产率高达75%，就是说，每12名中奖者当中就有9名破产。

可见，因彩票而中得巨额奖金，对中奖者而言，带来的并不一定是不愁吃不愁喝的下半辈子。因为彩票巨额奖金的得主中，很多人是突然暴富，被这种意外横财冲昏了头脑，根本不会静下心来考虑巨额奖金终有花光的一天。因此他们花起钱来根本没有计划，随心所欲，胡乱挥霍，最终把钱糟蹋光了，然后重新回到原来的贫困生活。

在国内，曾经有一名彩民，买彩票中了500万元大奖。可是，这笔意外之财不但没有让他生活得更幸福，反而毁掉了他原有的幸福。因为中奖之后，他认为自己下半生就可以过富翁一样的生活了。于是，他辞去了工作，天天花天酒地，不但与妻子离了婚，自己也成了个酒鬼。后来，还被人骗走巨款，落得两手空空，不得不借住在亲戚家，穷困潦倒。

曾有美剧把中大奖的彩民的行为分成多个阶段：狂喜，挥霍，不安，内疚，升华，很形象地概括了普通人中奖后的心理变化过程。事实上，彩票中奖者的破产概率是普通人破产概率的两倍以上。有人认为，这是因为彩票玩家的收入和受教育程度均低于平均水准，因此，他们的理财能力往往有限。可见，即使幸运中了大奖，还要有理性的心态和高超的理财能力，否则，再多的钱也有花光的那一天。

理财小讲堂

调查显示，在国内，彩票中奖后，人们的奖金一般是这样分配的：

对于有知识有文化，受教育程度较高的人，如果这类彩民中了500万元，约有40%的人，除了购买新房子外，会拿出部分奖金开办公司，走创业之路。

没有什么特长的中年中奖彩民，大都愿意继续当前的稳定工作，除去购买房子、汽车之外，约30%的彩民会为子女预备一笔教育资金；年纪较轻，没有受过高等教育的彩民，中奖后，大多数人会重返学校，接受更高的教育。

另外，中奖的彩民当中，购买私家车、组织家庭旅游的占20%左右。

中奖后把奖金存入银行的，占比例最小，约10%。这类人要么年龄较小，要么年龄较大，对巨额奖金的操控能力较弱，因此存入银行比较安全。

第三章　债务是看不见的魔鬼

人都有贪图享乐的本性，但是在享乐的同时也要衡量自己的经济能力。如果只是为了满足自己一时的享乐，或者为了让自己看上去更“体面”，或者为了获得一时的荣耀，就不顾自己的经济能力，通过负债来满足自己的消费欲望。这样做的后果，势必会使个人或家庭财务陷入困境，沉重的债务不仅会影响正常的个人生活，还使自己背上沉重的心理负担。一旦收入出现变化，就会使原本就紧张的财务状况更加恶化，最终陷入债务的泥潭无法自拔。

巴尔扎克和小偷

巴尔扎克是19世纪法国著名的大作家，有一天夜里，一个小偷爬进了巴尔扎克的房间，在他的书房里乱翻。巴尔扎克被响声惊醒，他悄悄地起来，点亮蜡烛，十分平静地望着那个惊慌失措的小偷，微笑着说："亲爱的，别找了，我白天都不能在这书桌里找到钱，现在夜里你更别想找到啦！"

巴尔扎克不是开玩笑，他真的很穷。他不仅钱包里空空如也，还欠了很多债务。在那个时期，巴尔扎克一年的稿费就超过六七万法郎，比法国财政大臣的年薪都高。可他为什么还是没钱呢？

原来，巴尔扎克有个习惯，他喜欢奢华的生活。他曾经买下许多意大利铜器、金制鼻烟盒以及漂亮的服装。还喜欢乘坐贵族纹章的马车到处炫耀，还经常买来大批珍贵的油画，挂在自己的房间里，邀请朋友前来欣赏。他以为这样做才像个贵族，他挣的稿费不够用，就去借债。为了还债，他只能拼命工作，但是拼命工作赚来的钱仍然不够偿还巨额的债务。

后来，握着欠条的面包商、银行家、出版商、服装店老板，都来找巴尔扎克，催他还债。巴尔扎克整天东躲西藏，为了躲债，他和债主们周旋着，他挖空心思地隐藏行踪，甚至一度跑到国外躲债。一直到死，巴尔扎克都没能还清那些债务。

巴尔扎克是世界十大文豪之一，但是他的一生是在欠债中度过的。高利贷商人和债务监狱的执达吏一直都在追逼着他。走投无路的他发出无奈的哀叹："我差一点失去面包、蜡烛、纸张。执达吏迫害我像迫害一只兔子，甚至比对兔子还厉害。"债务的阴影时刻笼罩在他的头上，使他一放下手中的笔，回到冷酷的现实，便心悸不安。

一个人一旦背上了债务，就等于失去了自由，他生活得胆战心惊，不敢面对债主，甚至一个敲门声就会把他吓坏，因为他会时刻担心债主前来要债。陷入债务危机的人都有切身的体会：欠债比勉强糊口还糟糕。欠债的人在生活上处处被动，他们没有余钱为生命投保，更没能力去买房子和汽车，甚至连购买生活必需品都很困难，最终沦落为生活的奴隶。

不论债务是怎么产生的，结果都是一样糟糕。那就是债务会像沉重的石头一样压在债务人的背上，让他直不起腰来。同时，债务也会破坏他和家人的幸福，甚至影响到朋友间的友谊。

有位备受债务困扰的政治家说："小笔的债就像小子弹，它们向四处发射，不管你怎么逃脱都会受伤；大笔的债务就像加农炮，声音很大，危险也更加致命。因此如果你想过安生的日子，就必须及时地还掉债务，或者干脆就远离债务，这样你就可以放心地走在大街上，而不必担心随时会有'子弹'飞过来。"

的确，债务不可避免地会损害个人独立，影响着个人的尊严，因为欠债的人总是会遭受屈辱。债务是人生沉重的负担，所以最明智的做法就是不要背上债务，因为欠债既破坏家庭又破坏友谊，给人带来沉重的精神负担。

所以，在任何情况下，都要确保尽量不欠任何人的债。如果一个人能够做到量入为出，只花自己手里的钱，他就能够摆正自己的位置，就可以做自己的主人，做一个有尊严的人。

理财小讲堂

如何才能减少和避免负债呢？不妨做一个小实验：

回想一下过去的一年里，你都把钱花在哪里？拿出纸笔，把想到的列出一张表格，也许会有诸如以下的花费：买了一款漂亮的手机；和朋友一起去郊游；给同学庆祝生日；买了一双耐克鞋；看了两场电影；经常玩电子游戏；做了个时髦发型；买书。

列完后，再将花费最多的前三项标示出来。想想看，这些花费对你来说有多重要，然后回到下面的问题：

对于花费最多的前三项，是不是每一笔都花得很开心？你认为值得吗？

之所以花这些钱，是因为有某方面的助益，还是只为了自己高兴？

对于花费最多的前三项，对你而言是最重要且最该优先花费的吗？

如果能回到从前，你还会想花掉这些钱吗？

这些问题的答案，可以对你的花钱方式和花钱后的心情做一次整理。以后对于该做些什么改变，以及什么才是真的需要，自己将会更清楚、明确。如果你发现自己经常买一些不必要的东西，那么将来很可能会陷入债务危机。

伟大的阶下囚培根

在英国历史上，有一位伟大的人物叫培根。培根不仅是一位著名的哲学家，还是一位杰出的散文作家。在他的一生中，写下了不少光辉的著作。他学识渊博，对问题分析之精辟，对事情见解之独到，使他那些闪耀着智慧光芒的作品，直到今天都令人赞叹不已。为此，《大不列颠百科全书》公正地给他定名为法学家、政学家、哲学家和英国语言大师。

然而，这样一位博学的大师，曾经因为贪污受贿而锒铛入狱，成为阶下囚。

1561 年，培根出生在英国伦敦的一个贵族家庭，父亲是女王的掌玺大臣，母亲也是贵族出身。培根小时候身体很弱，经常生病，但他很爱学习，喜欢阅读内容深奥的书籍，13 岁时便进入英国著名的剑桥大学读书。1620 年，培根总结了他的哲学思想，出版了《新工具》一书。在书中他提出了“知识就是力量”的观点。

但是，这位才华横溢的大人物，在生活上却奢侈无度，负债累累。伊丽莎白女王拒绝委任他任何要职或任何有利可图之职。女王于 1603 年去世，培根成为她的继承人詹姆士一世国王的顾问。虽然詹姆士一世拒不采纳培根的劝告，但是很赏识培根的才华，他任命培根为政府高级官员。为了满足自己穷奢极欲的生活，作为一个法官，培根曾经当面接受诉讼当事人 4 万英镑的“礼物”。

受贿的结果是他被判了有期徒刑，不但被高级法庭判处罚了巨额罚金，还被监禁于伦敦塔内，终生逐出宫廷，不得任任何官职。虽然国王不久就将培根从狱中释放出来，免除了对他的罚款，但是培根因此而身败名裂，他的政治生涯也告终结。

1626 年 3 月底，培根坐车经过伦敦北郊。当路过一片雪地时，他突然想做一个实验，他宰了一只鸡，把雪填进鸡肚，以便观察冷冻在防腐上的作用。但由于他身体孱弱，经受不住风寒的侵袭，支气管炎复发，病情恶化，不久就去世了。

培根曾在自己的随笔集《论财富》中，阐述过许多如何理性、明智地对待财富的观点，但是他本人并没有身体力行之，反而因为贪污受贿毁掉了自己的一生，这也是对他的人生的一个极大的讽刺。培根的一生当中曾经有过非常辉煌的时期，他曾三次受到皇室的封爵，并多次得到提拔，但是过度奢侈的生活把他拉进了债务的泥潭，葬送了本应光辉伟大的一生。

这样一位在文化方面取得卓著成就的伟大人物，却被债务毁了一生，以至于许多人虽然佩服他的才华，却因为他的人品而厌恶他。如果不是因为他到处借债，最后逼得自己去受贿，那么他将成为一位光耀千古的伟大人物。

理财小讲堂

在当前的社会里，人们遇到突发事件和意外的比例要比过去高很多。所以，借债也就更为频繁。下面几种人在退休、失业或人生出现意外时，更容易到处借债，是欠债的“高发人群”，应引起警惕：

第一，没有储蓄的人。这类人有工作，但一般家里没有负担，所以就抱着挣多少花多少的态度。一旦有一天失去工作或者遇到意外情况，就很可能要举债度日。

第二，传统家庭。全家人主要依赖一名成员的收入来维持生计，这样会有很大的风险，因为一旦这名成员失业或者发生意外，全家也只能借债度日。

第三，工作不稳定的人。这类人工作稳定性不高，或者是经常跳槽，一旦工作没有着落，他们同样有借债的危险。

第四，靠身体吃饭的人。这类人一般指运动员、模特、明星等。这些人如果身体发生意外，很可能就没有了别的收入来源。

第五，自由职业者。这类人由于没有雇主提供保险、退休金等保障，一旦出现意外情况，也容易沦为负债的人。

新闻记者变成流浪汉

20 世纪 80 年代，英国有一位著名的电视新闻记者叫艾德·米切尔。艾德·米切尔在事业最辉煌的时候，主持过独立电视新闻公司晚上 10 点的新闻联播，还曾采访过很多政界要人，其中包括英国前首相撒切尔夫人和梅杰。

这些工作为艾德·米切尔带来了巨大的财富，他曾经拥有让人羡慕的 10 万英镑的年薪，价值 50 万英镑的房子。他过着富裕的生活，每年都带着妻子儿女到海外度假，享受着最现代最时尚的生活。

但是，不幸突然而至，2001 年，艾德·米切尔失业了。他被电视台解雇，同时也失去了丰厚的薪水，这是他从来没有料到过的，他以为自己会永远享受这份薪水，因此他一直花钱如流水。他经常用信用卡买各种奢华的物品，然后等发了薪水再去偿还。对此，他一点都不担心，因为他的薪水实在是太丰厚了，他有能力还清信用卡的债务。但是，不幸的是他突然失业了，失业前累积的几万英镑的信用债务，像滚雪球般越来越大，为了还清旧债，不得不申请新的信用卡。很快，他手里的信用卡越来越多，债务账单也跟着增加，这些账单几乎把他逼入了绝境。

后来，艾德·米切尔不得不变卖房子还债，妻子也和他离了婚。由于无家可归，这位曾经风光无限的新闻记者，沦落到露宿街头，成了无家可归的流浪汉。

人都有享受的欲望，为了满足自己的这种欲望，可又没有足够的钱，只好狂刷信用卡，结果一发不可收拾。人在刷信用卡的时候，并不是付真实的钞票，没有付钱的感觉，致使很多人过度消费，从先享受后付款变成了先享受后痛苦。

储蓄是今天存钱明天花，而信用卡则是“今天花明天的钱”。信用卡是一种临时、短期、紧急、小额融资工具，它可以透支，大大方便了人们的生活。但是，信用卡同时也是一种昂贵的透支工具，如果不能按时按规定还款，就会给自己带来很大麻烦，严重的还有可能坐牢。

因此，用信用卡的时候，每次都应计算好免息还款期，按时还款。需要注意的是，免息还款期每次都可能不同，比如银行的信用卡对账单日为每月 5 日，指定还款日期为每月 23 日。如果在当月 4 日透支消费了 2000 元，免息还款期就是当月 4 日到 23 日这段时间，为 20 天；如果是当月 5 日消费，则免息还款期就是当月 5 日到下月 23 日，那就高达 49 天。所以，消费时一定要注意消费日期，算好免息的天数。

此外，信用卡还得交年费。为了促销，一般信用卡第一年多半会免年费，而第二年如果用户没有及时缴纳年费的话，银行就很有可能会在持卡人账户内自动扣款。银行所扣的款项将算作持卡人的透支提现，要计算贷款利息，而且还会计算复利，因此需要及时缴纳年费，否则仍会给自己带来麻烦。

信用卡如正常使用，是很划算的，毕竟可以透支。但是一旦把信用卡当作满足自己消费欲望的工具，就很容易让信用卡把自己拖入债务的怪圈。

理财小讲堂

要想让信用卡为自己带来便利，同时又不使自己陷入信用卡债务的怪圈，一定要注意以下几点：

第一，每月整理对账单。刷完信用卡后，要将当月的收据整理好，这样不但随时可以对账，还可以随时提醒自己，了解有了多少钱的债务。

第二，避免年费支出。如果懂得如何避免年费的支出，并且还能够充分了解银行“红利积点”的方式，那么，信用卡不但会为你带来理财的方便，还能为你带来一些福利。

第三，不要超额透支。持卡人超过发卡银行批准的信用额度用卡时，不享受免息期待遇，即从透支之日起支付透支利息，因此，不是万不得已，不要超额透支。

第四，及时还清透支款。持卡人在免息还款期内，全额偿还不需支付利息；若是偿还透支款项，则要按规定支付一定的利息。

五千年前的泥板

1934年,英国科学家考德威尔在考察古巴比伦的一处遗址时,发现了五块保存完好的泥板,泥板上有一些字迹。他将这些泥板仔细包装好,寄给了诺丁汉大学考古系的什鲁斯伯里教授,希望他能翻译出泥板上面的文字。

过了一段时间,什鲁斯伯里教授给他回信了。什鲁斯伯里教授对他说,这些刻在泥板上的文字,实际上讲的是一件事情,就是一个叫达巴希尔的犹太人如何还清债务的过程。什鲁斯伯里教授还说,按照泥板上的办法,他自己不但偿清了所有的债务,还有了一笔小积蓄。

考德威尔非常惊奇。那么,这几块泥板上究竟讲了些什么神奇的故事呢?达巴希尔究竟是怎样还债的呢?下面就是泥板上的内容:

第一块泥板。达巴希尔,一个刚刚从叙利亚逃脱的奴隶,回到了自己的家乡巴比伦。他曾经在巴比伦欠下了大笔债务,这次回到家乡,他决心要偿还这笔债,做一个让人尊敬的富人。钱庄老板告诉他,要实现人生目标,必须将日常开销严格控制在70%以内,否则就只能永远做一个穷人。达巴希尔听从了钱庄老板的建议,决定严格执行一套还债计划。通过这套计划,达巴希尔决心为他的未来开拓出一片光明的新景象,并保障他妻儿能过上衣食无忧的生活。

第二块泥板。达巴希尔开始执行他的还债计划。他把所有债主的名字和所欠债的数目都详细地写出来，决定在每个月圆之夜，拿出当月收入的两成，公平地分成若干份，用于偿还给他的债主们。

第三块泥板。达巴希尔总共欠了 190 个银钱和 140 个铜钱，他找到债主，给他们讲了自己的还债计划。债主们看出了他的诚意和决心，因此，即使他暂时无法满足某些债主的要求，但大部分债主还是与他达成了协议。

第四块泥板。达巴希尔找的活儿是跟着别人做骆驼生意。第一个月他挣了 19 个银钱，按照计划，他将这份收入分成三份，一份存起来，占收入的 1/10；一份是家人的生活费，占收入的 7/10；另一份则是用来还债，占收入的 2/10。这个月他总共还了将近 4 个银钱的债。第二个月他的生意不太好，只挣了 11 个银钱，但是仍然按原计划拿出两成还债。第三个月他的运气很好，共挣了 42 个银钱，可以还给债主 8 个银钱。这时候，连最苛刻的债主对他也比较满意了。而且经过三个月，他已经攒下了 21 个银钱，这使他恢复了自信，家人的生活也慢慢好起来。他们穿上了新衣服和新鞋子，还吃了一顿美味的大餐。朋友和邻居们也不再鄙视他，一见面就笑呵呵地跟他打招呼。达巴希尔很高兴，这终于使他能在家乡人面前抬头挺胸了，这名昔日的奴隶，逐渐变成了一个体面的人了。

第五块泥板。一年之后，达巴希尔的债务终于还清了。债主们对他再也不那么恶言相向了，许多债主甚至以恭敬的态度和眼光看待他，这让达巴希尔倍感自豪和自信。他希望所有欠债的人都能够从这套计划中得到好处，他相信只要能够照此计划严格执行，每个人都能够偿清债务，并且成为富人。

花钱毫无计划，总是入不敷出的什鲁斯伯里教授正是按照达巴希尔的还债计划，也将自己的债务列出清单，把自己每个月的收入分成三份，一份是要存下来的10%，一份是日常开销的70%，另一份则是用来还债的20%。这样经过一段时间，他不仅把债务还清了，还存了一笔钱，生活也过得舒心多了。

虽然这套还债计划来自5000年前的古巴比伦，但是直到今天，它仍然具有指导性，使生活在现代社会的人们从中受益。

理财小讲堂

古巴比伦泥板对现代人理财方式的启发：

第一，对现代人而言，债务主要是房贷、车贷，以及向亲戚朋友借的钱。在制订还款计划时，每次还款最多不超过自己当次全部收入的2/10。如果一个人目前每个月用于还债的钱超过了他全部收入的2/10，一定要想办法提高自己的收入，使还款额降低在全部收入的2/10以内，否则会在心理上产生极大的压力，并影响自己的生活质量。

第二，不管有没有债务，家庭生活开支一定不能超过当次全部收入的7/10，把这个作为底线，一定要坚持住。一旦某项消费计划要超过7/10时，一定忍受住诱惑，不消费或延迟到下个月消费。

第三，一定要存钱，并且不论生活多么困难都要坚持存钱。把自己每期至少全部收入的1/10拿出来放在一个专门的、独立的账户中。先存钱，存下钱之后再考虑如何让它保值并增值。

第四章　居安思危的投资——保险

人的一生充满不可预知的变数，谁也无法预料将来会发生什么灾难。而变故一旦发生，不仅会给生活带来影响，严重时还有可能会让人倾家荡产。基于这些考虑，理财就不仅是要储蓄一定的资金，更要为不确定的将来作打算，而保险就具有这方面的功能。一些保险产品不仅具有保险功能，而且还具有一定的投资价值，能带来一定的收益。人们借助保险，进行合理科学的理财，给自己和家人建立更多的保障，规划完美的人生。

富翁与金子

从前，有一个大富翁，他和家人住在一座豪华的别墅中，一家人吃的是山珍海味，穿的是绫罗绸缎。可是这位富翁并不开心，每天晚上总是做噩梦，因为他担心万一他的财产失去了，他就会过穷人的生活。

一天早晨，他听见土地公公在唱歌，他就把他的苦恼告诉土地公公。土地公公想了想，对富翁说："这样吧，你每年把你的金子给我一袋，我保证在你生病或遇到其他风险的时候给你五袋金子，在你老了的时候，每月都给你半袋金子。"富翁同意了。从此，他再也不做噩梦了。

富翁每年交给土地公公一袋金子，而当自己老了，或者遇到风险等需要钱的时候，土地公公就给他一些金子救急。这种方式其实就是今天的保险。随着社会的进步，理财工具越来越多。保险，已经成为人们比较常用的理财工具之一。它不但具有保障功能，而且能够帮助人们养成一种强制储蓄的习惯。它的功能就相当于一个储钱罐，只要你坚持每天往保险公司的账户中投入一定数目的钱，日积月累，这些小钱就会变成一大笔钱，在你需要用钱的时候，为你解燃眉之急。

一个人要生存下去，就需要许许多多的物质保障。饥饿的时候，柴米油盐是我们一日三餐的保障；寒冷的时候，棉衣是我们遮体御寒的保障；生病的时候，医院、医生、药品是我们身体恢复健康的保障。然而，归根结底，最直接的保障，其实就是金钱。在现代社会，金钱是我们获得物质来源的直接保障。人一旦遇到严重的健康问题，最需要的就是一大笔金钱。这个时候，如果没有大笔储蓄，生命就得不到保障。有了保险，在金钱上就有了一种保障，当疾病、意外、死亡、衰老、残疾这些事故发生时，受害者及其家庭需要一笔金钱，需要经济上的救助，这个时候保险就可以发挥作用了。

保险聚集了无数人的财力，结成一个抵御、化解风险的联盟，在这个联盟中，每个人都是付出者，同时也是受益者。保险就像一个蓄水池，在平时进行点滴积累，需要时就可以直接取用。保险作为一种理财方式，虽然不能使人发财致富，但至少它会在你遇到灾难的时候，能减轻一些经济上的负担，可以让你在经济上不会捉襟见肘。

作为家庭成员的一分子，有着保护家人的责任。在年轻力壮、有赚钱能力的时候，这或许不是问题。但是，一旦遇到意外，失去了赚钱养家的能力，如果没有保险的财务支持，很可能会遭遇悲惨的日子。因此，任何时候不应该只顾眼前的安逸，不考虑将来。应该经常想想，如果有一天遇到不测，家人会遭到什么样的不幸。在那个时候，也许可以利用年轻时给家庭投保的风险基金，帮助家庭渡过难关。

理财小讲堂

在所有的家庭理财产品中，储蓄型保险的强制储蓄功能最强。它有以下这些特点：

第一，缴费时间最灵活。储蓄型保险既可以选择一次性缴费，也可以选择年缴、季缴和月缴。选择月缴费的也可以一次缴齐几个月，还可以推后几个月缴费；选择年缴费的也可以滞后几个月缴。在保单因未能按要求在宽限期内缴费而失效的情况下，如果在规定期限内补缴上，保单仍然可恢复效力。

第二，中途退保损失大。储蓄型保险产品的现金价值有一个积累过程，如果在未到期之前退保，保险公司要扣除一定比例的费用，与银行存款的提前支取相比，损失较大。这就迫使投保人坚持下去，从而达到强制储蓄的目的。

第三，退保手续复杂。与股票的卖出、基金的赎回、银行存款的支取相比，保险的退保手续最为复杂。由于退保手续非常复杂，也会有效地阻止退保，从而使投保人最终坚持下去。

人生需要“救生艇”

有一次，香港一位保险推销高手陪同一位大客户乘坐渡轮去九龙。保险推销高手不失时机地向客户介绍保险的好处。客户听完，微微一笑说：“你看我有买保险的必要吗？美国友邦的实力与规模是世界一流的，我虽然不能和友邦相比，但以我的财力，我可以买下整个友邦公司的三分之一。”

听了这话，保险推销高手一愣，无话可答。眼看着船快要靠岸了，脑子里也没理出个头绪。忽然，他看到了停泊在码头上的“伊丽莎白二号”，不觉灵机一动，回头面带微笑对客户说：“先生，您见多识广，我有个问题想要请教一下，可以吗？”

“什么问题尽管提出来。”大客户说。

保险推销高手指着“伊丽莎白二号”说：“您看，那艘巨大的轮船，行驶的时候一定很稳很安全吧？它应该不会发生什么意外吧？”

“是的，我看很安全，不会发生什么意外。”客户答道。

“那就奇怪了。您看，它上面装了足有20多条救生艇。既然它很安全，很可靠，那为什么还要准备那么多救生艇呢？那么多救生艇放在上面，对它来说是不是一个很大的负荷吗？这不是多此一举吗？我实在想不通其中的道理，请您给我讲解一下好吗？”保险推销高手说。

客户一听就明白了，想了一想，笑道：“好吧，明天早上到我办公室来。”

“天有不测风云，人有旦夕祸福”，没有人知道明天会发生什么事。因此，当飞机起飞和降落时，我们都要系好安全带；乘轮船时，要带好救生筏和救生衣；汽车要有备用胎、保险杠；杂技演员的高空表演要系保险绳。人寿保险就是我们人生旅途中的安全带、救生衣和保险绳，虽然很可能用不到，但我们必须准备好。保险不是保证不发生风险，而是在发生风险时，能够得到经济上的帮助和支持，以解燃眉之急。

人活在世上，总会有意想不到的疾病和灾难发生，购买人寿保险，可以为被保人在病残时提供经济保障。现代医学的发展，使许多原来是绝症的疾病可以得到治愈。比如，尿毒症可以通过透析得以维持，通过更换肾脏得到治愈；血癌可以通过注入新的骨髓得到治愈。但这些疾病的治疗，都需要昂贵的医疗费用。病人只要有足够的医疗费用，就可以保全生命。但是现实中，很多病人和家属即使倾家荡产也无法凑够治病的钱，最后不得不放弃治疗。因为没有足够的医疗费而放弃生命，是一场令人心酸的悲剧。而有了人寿保险，就可以帮助人们避免这样的悲剧发生。

此外，从人的一生来看，每个阶段的收支都是不平衡的。尤其是到了老年，没有了工作收入，主要靠年轻时积累的养老金生活。如果没有积累下足够的老年生活费用，就得在年老时继续工作来养活自己。然而，人到了风烛残年，即使愿付出劳动，也往往力不从心或无人接受。所以，每个人都必须提前为自己的养老费做准备，而人寿保险就是一种很好的储备养老金的方式。虽然通过个人储蓄也能储备养老金，但个人储蓄带有很大的随意性，而且储蓄资金容易被挪用，而人寿保险的“强制性”则弥补了这方面的缺陷。

美国前总统杜鲁门曾经说过：“即使是一个穷人，也可以用寿险来建立一笔资产。”一些人寿保险产品不仅具有保险功能，而且具有一定的投资价值，就是说如果在保险期间没有发生保险事故，那么在到达给付期时，所得到的保险金不仅会超过过去所交的保险费，而且还有本金以外的其他收益。因此保险既是一种保障，又兼有投资收益的功能。

对个人来说，投保人寿保险是获得对未知风险的保障，不论男女老幼、贫富贵贱都需要人寿保险。假如在年轻时挤出一部分资金，用于购买合适的人寿保险，到老年时，生活就有了一份很好的保障。

理财小讲堂

对于个人来说，人寿保险有很重要的意义：

第一，人寿保险使老有所养。中国社会制度的转型，使传统的完全依赖国家、单位的养老制度逐渐发生变化，真正能够保障自己未来生活的只能是自己。所以在年轻时早准备早投入，年老时就可以有充足的生活保障。

第二，人寿保险使病有所医。俗话说："人食五谷得百病。"小病小灾可以自己抵抗过去，一旦得了大病，许多人即使债台高筑，也无力负担高昂的医疗费用。而投保寿险，就可以使自己病有所医。

第三，人寿保险是一种投资。人寿保险费一般由三部分组成：意外事故保险费、疾病死亡保险费和增值保险费。前两者保费的主要功能是保障被保险人因意外、疾病等事故高残或身故而造成的损失，增值保险费的作用主要在于能满足收益人的养老、升学等需求，具有投资功能。

秦可卿托梦

《红楼梦》中有这样一段故事：有一天晚上，荣国府的管家少奶奶王熙凤，在沉沉的睡梦中，恍惚看到侄媳妇秦可卿走到她的床前，满含忧虑地对她说：“婶子，我就要走了，特来告别，只是尚有一件心愿未了。我们家赫赫扬扬，已将百载，一日倘或乐极生悲，若应了那句‘树倒猢狲散’的俗语，岂不虚称了一世的诗书旧族了！”

凤姐听了此话，十分敬畏，忙问：“这话说的极是，但有何法可以永保无虞？”

秦氏冷笑道：“婶子好痴！否极泰来，荣辱自古周而复始，岂是人力能可保全的？但如今能于荣时筹划下将来衰时的世业，也就可以了。如今诸事都妥，只有两件未妥，如果把这两件事办好了，就是日后有什么不测，也不至于走到绝路。”

凤姐便问何事。秦氏道：“如今祖茔虽然四时祭祀，只是无一定的钱粮。第二，家塾虽立，无一定的供给。依我想来，如今盛时固然不缺祭祀供给，但将来败落之时，此二项有何出处？不如趁今日富贵，将祖茔附近多置些田庄房舍地亩，以备祭祀供给之费皆出自此处，将家塾亦设于此。族中长幼，大家定了规矩，日后按房掌管这一年的地亩，钱粮，祭祀，供给之事。如此周流，又无争竞，也没有典卖诸弊。便是有了罪，家里财物可入官，这祭祀产业连官也不入的。便败落下来，子孙回家读书务农，也有个退步，祭祀又可永继。如果现在以为荣华不绝，不思后日，终非长策。”

秦可卿临终前的这一番话，将贾家未来的退路都做了周全的安排。就是要在兴盛时考虑到将来可能败落时的退路：第一是在祖坟附近置买房产；第二是将家塾和祖坟设在一起，以方便管理。在家族最兴盛富有的时候，拨出专项钱款作为祭祀祖先的费用，因为古时以孝为先，祭奠祖先灵位的经费，是神圣不可侵犯的，就算是家族中有人犯法坐牢，要没收全部家产，此项用于祭祖的钱款也将免于充公。

我们从中可以看出，秦可卿为贾府谋划的后路，具备两个特点：第一，在家族兴盛时及时备下数额足够多的钱款，而且有一部分必须针对教育，这才是长远大计；第二，此项钱款必须是安全的，即便万一发生意外，也会受到法律的保护，免于充公。

在现代社会，人寿保险就具备这样的功能。保险单就是一份法律合同，在个人赚钱能力最强的时候，拿出一部分资金用于个人风险保障，可以帮助将来规避破产、查封财产、遗产纠纷等诸多风险。

首先，人寿保险是不纳入破产债权的资产。即使债务人破产，债权人也不能通过要求债务人退保，追偿人寿保单的现金价值。美国安然公司因经营不善，于 2002 年宣布破产，其首席执行官肯尼思·莱曾购买了一份保额为 3700 万美元的人寿保险。安然公司破产后，公司所有的资产均被清算，唯有这 3700 万美元的人寿保险得以保全。肯尼思·莱夫妇靠着这张保单，每年可从中领取 90 万美元，因此得以安享晚年。

其次，人寿保险是不被查封罚没的财产。当拥有人寿保险保单的被保险人因为风险发生，银行资金、固定资产都有可能被冻结，而人寿保单却是安全的。这份保单就相当于贾府的祭祀资金，即使有一天有了罪，其他的产业都可以被充公，唯有祭祀产业是不必充公的。因此，即便人生出现变故，他日仍然可以凭借人寿保单的现金价值翻身。

在很多富有的大家族中，常常出现由于重要人物的离世，而导致家属纷争财产的状况。而人寿保单则可避免这种纷争，因为人寿保险的受益人由被保险人或者投保人指定。作为人寿保单的投保人，可以按照自己的真实意愿，将自己身后获得的保险赔偿指定给自己的父母、配偶、子女，或者其中的一个人。该项受益保险金只归受益的当事人专有，其他任何人都无权支配。

同时，作为人寿保单的受益人，其获得的保险金不属于被保险人的遗产，既不纳入遗产分配，也不用于清偿被保险人生前的债务。而且，保险赔款免纳个人所得税。所以，借助人寿保险，可以在自己生前身后为自己和家人准备一大笔免税的金融资产。

理财小讲堂

不同年龄的人应该怎样购买寿险呢?

人们常常都有这种困惑,当打算购买人寿保险的时候,面对种类繁多的寿险商品,有时也不知如何选择。其实年龄和在家庭结构中的地位,是决定选择寿险种类的重要依据。

18～25 岁的人,这类人受到意外伤害的可能性较大,对未来人生的影响也比较大,加上收入有限,尚未建立家庭,因而应先买一份人身意外伤害保险较妥,如仍有余力,可以再买一份健康医疗保险。

26～35 岁的人,这个年龄段的人刚刚建立了家庭,家庭责任的增加使他们要考虑更多的生活中的风险,所以,可以开始投保一些人寿险,尤其是终生寿险,因为此类寿险一般比较便宜。

36～50 岁的人,这个年龄段的人正值中年,往往是家庭的顶梁柱,因此投保人寿保险对于家庭是至关重要的。同时,由于年龄的增加,生病的概率也日渐增大,因此,最好还要再选择一份健康及医疗保险。

51～65 岁的人,这个年龄段的人,各种疾病渐渐找上门来,所以医疗保险为首选。

梅艳芳的遗嘱

香港歌星梅艳芳因癌症去世之后，留下了将近1亿港元的遗产。然而，这庞大的遗产却引来了一场争夺大战。

梅艳芳生前曾经立下遗嘱，并成立信托基金管理其遗产。当中言明，其母亲覃美金每月可领取7万港元的生活费；赠送170万教育经费给其二哥及姐姐的儿女，供他们读书至大学毕业；将自己的两处物业赠予好友刘培基。遗嘱上还指明，直至母亲覃美金去世，所有资产会扣除开支捐给妙境佛学会。

梅艳芳生前就很清楚，母亲覃美金根本不善理财，而且喜欢挥霍钱财，如果把巨额财产一下子全给母亲，担心她会一次性把遗产花尽，或被别有居心的人骗走。因此，梅艳芳选择了遗嘱信托，将近亿财产委托给专业的机构打理，信托基金每月支付7万港元给母亲作为生活费，一直持续到她去世。

但是梅母对女儿的遗嘱非常不满，认为自己应该独得遗产，因此便

在长子梅启明的帮助下，打起争夺遗产官司来。她要求法庭裁定遗嘱无效，又先后控告遗嘱执行人、主诊医师、遗产受益人等，但最后法院的判决是梅母败诉，梅艳芳生前所立的遗嘱是有效的。

近年来，社会上出现了不少明星身后遗产的争端问题。娱乐圈有一些巨富，都是因为对其巨额财产分配问题没有处理好，才导致在其身后引发争端。如果能像梅艳芳这样选择信托基金的方式，就可以很好地避免这种争端的发生。

香港明星沈殿霞（因身材肥胖而被昵称为“肥肥”、“肥姐”）去世时，留下了大约 1 亿港元的遗产。鉴于当时其女郑欣宜年幼，没有能力管理这么庞大的资产，肥肥就在去世前订立信托，将名下资产以信托基金方式运作。她去世之后，郑欣宜对于任何资产的运用，都要有信托人负责审批、协助，这样就可以避免年幼的女儿被骗。这位首选信托人就是沈殿霞的前夫、郑欣宜的生父郑少秋。另外，她的遗产信托还指定了资金用途的大方向，例如，等到郑欣宜结婚时，可以领走一定比例的资金，或是一笔固定金额，这样就可以避免郑欣宜一下子把遗产花光。

同样，英国王妃戴安娜也安排了遗嘱信托。戴安娜 1997 年遭遇车祸离世后，遗留下约 1200 万英镑的遗产，这笔信托基金将在威廉王子和哈里王子之间平均分配。那时威廉王子 15 岁，弟弟哈里王子才 12 岁。据规定，只有当他们兄弟二人年满 30 岁，才能继承母亲戴安娜的遗产。随着这些年的投资，遗产如今已达 2000 万英镑。威廉王子和哈里王子将平分这项遗产。威廉王子和哈里王子在 30 岁生日时，都领到了属于他们自己的这份遗产。

成立遗嘱信托的成本有两笔资金，第一笔是签约金，一般行情是交付信托资产的 1%；而在委托人身后，受托银行还会每年收取一笔保管费用，直到整个信托关系结束。

理财小讲堂

遗嘱信托就是委托人预先以立遗嘱的方式，将身后遗产的管理、分配、运用及给付等各项内容，详细订立于遗嘱中。等到遗嘱生效时，再将信托财产转移给受托人，由受托人依据信托的内容，来管理处置信托财产。遗嘱信托可以很好地解决财产传承问题，减少因遗产产生的纷争，避免身后财产被挥霍，或者被侵占，确保自己的亲人可以过上衣食无忧的生活。

遗嘱信托既有预立遗嘱的好处，同时又能解决一些遗嘱所不能完成的问题。比如美国知名的企业家族，杜邦、洛克菲勒、肯尼迪等，都是利用遗嘱信托的方式，安排家族财产的分配及传承，以确保资产在家族中永续。

第五章　做一个省钱达人

许多人习惯了大手大脚地花钱，认为省钱就是“抠门”，会遭人耻笑，而且打心眼儿里不屑于省钱。其实，省钱也是一种很好的理财方式，在物价大幅上涨的时期，如果暂时无法提高收入，在不影响生活质量的前提下，通过一些省钱高招缩减开支很有必要。省钱不仅是一种生活态度，更是一门高深的学问。省钱的同时，也要想办法增加收入，只有学会开源节流，才能增加自己的财富。

索要 50 美分的福特

“汽车大王”福特是美国著名的富豪。有一次，福特和几个朋友一起到饭店里吃饭，饭后，福特付了账，然后几个人一起走出来。客人们正要出门，只见福特手里拿着账单径直向服务员走过去，对他微笑道：“小伙子，你再算一下，看看是不是有一点儿误差。”

服务员飞快地瞟了一眼菜单上的数字，很自信地回答他：“尊敬的福特先生，没有算错。”

“别着急，你再仔细算一下。”福特宴请的那几位客人已朝门口走去，他却耐心地站在柜台前等着。

看着福特认真的样子，服务员不以为然地说：“是的，因为没有零钱找给您，我便多收了您 50 美分，但我认为像您这样的富豪，怎么能在乎这区区的 50 美分呢。”

“你说错了，即使只有 50 美分，我也非常在意。”福特说。

“那就算您付给我的小费吧。”服务员被福特的“较真儿”弄得有些难为情了，忙给自己找了一个台阶下。

“不，小费我已经付给您了，这50美分是您应该找给我的零头。”福特固执地说。

服务员只得去抽屉里寻找零钱，终于找够了50美分，然后递给福特。福特接过钱，才和客人们一起离去。

看着福特离去的背影，服务员低声嘀咕道：“真是太小气了，连50美分也看在眼里。”

“不，小伙子，你冤枉他了，他绝对是个慷慨的人。”坐在旁边目睹了刚才那一幕的一位客人说道。

“连50美分都看在眼里，难道他还是一个慷慨的人?”服务员不屑地说。

“是的，他刚刚向慈善机构一次捐出了5000万美元的善款。”那位客人说着，指着手里报纸上的一则报道说。

“可是他刚才为什么连区区的50美分都不肯放弃呢?”服务员奇怪地问。

“那是因为福特先生尊重金钱，懂得认真地对待属于自己的每一分钱，取回属于自己的50美分和慷慨捐赠出5000万美元，是同样值得重视的。”那位客人说。

福特的故事提醒我们，一定要认真对待金钱。对于自己应得的金钱，即使再少也要努力争取。同样，对于应该付出的金钱，即使再多，也绝不吝啬。

人人都想成为富人，但是最终成为富人的人并不一定是靠运气好，也不一定是靠特别勤奋和精明，但是一定要有良好的理财习惯。哪怕是一分钱也不要轻易浪费，这不是小气，而是一种精神，一种对待金钱的良好的习惯。

香港富豪李嘉诚，有一天外出乘车的时候，把一枚2分的硬币掉到了地上，他马上蹲下身子准备去捡，这时候，旁边一位保安走过来帮他捡了起来，然后递给他。李嘉诚把硬币放进口袋，然后从口袋里取出100元交给保安，作为酬谢。为了区区2分钱，却花了100元的代价作酬劳，这让许多人觉着不可思议。有个记者忍不住问起这件事，李嘉诚说："如果我不去捡那枚硬币，它就会滚到水沟里，在这个世界上消失。而我给保安100元，他便可以用来消费。我觉得钱可以去用，但不能浪费。"

以色列最著名的君主所罗门王说过这样一句话："明白什么时候花钱，什么时候省钱，你就永远不会一无所有。"

理财小讲堂

人们经过研究调查，发现了一个有趣的现象，大多数美国百万富翁都有一些共同之处：

第一，不随便乱花钱。大多数美国百万富翁都是买现成的服装，开普通的福特车，在平价商场购物，并且喜欢购买物美价廉的二手物品。

第二，除了自己的住宅外，他们至少都拥有一栋有升值空间的房子。

第三，投资、储蓄等理财活动开始得很早，一般在30岁之前就开始了，这样他们就有可能在50岁之前成为百万富翁。

第四，绝不负债，拒绝透支银行信用，并且制订两三种与退休有关的理财计划。

第五，提前立好遗嘱。因为立遗嘱花不了多少钱，却可以为家人省下不少麻烦。

工匠的邻居

有一个工匠，手艺很好，做出来的东西不但精巧漂亮，而且非常耐用，所以生意很兴隆，因此赚了很多钱。可是这个工匠喜欢吃喝玩乐，一有钱就花掉，虽然赚钱不少，但是总觉得不够用。

工匠的邻居是个富翁。工匠听说富翁原来也很穷，后来不知用了什么方法，就渐渐成了富翁，工匠便去富翁家请教致富的秘诀。

到了富翁家，工匠先说明来意。富翁听了，微笑道："这个事情说来话长，却也非常简单，你先等一等，让我先把灯熄了，再好好对你说。"说着，顺手就把灯关了。

工匠是个聪明人，一看这个情形，马上便明白了，他站起来，说："先生，谢谢你指导我，我已经明白了，原来变成富翁的秘密就在于'节俭'

二字，对吗？”

富翁微笑着点点头，对工匠说：“你已经明白了致富的秘诀，将来你一定也会变成富人的。”

这个故事让我们明白了一个道理：勤奋工作赚钱固然重要，但是还要懂得节俭，只有养成节俭的好习惯，才能积蓄下财富。没有日常生活中的节省，就不会变得富有。曾经有个富翁说：“节约就相当于赚自己的钱。如果你连自己的钱都赚不到，你怎么可能去赚别人的钱？省钱也是为自己赚钱，因为挣钱很辛苦，而且不受自己控制，但是省钱是自己能控制的，只要有心，总能在生活中节省出一部分钱。”

很多人都有这样一种错误的观念，那就是节俭是穷人才做的事情，像我这样的人根本没必要节俭。其实，是否节俭，不在于是穷人还是富人，关键是一个人的生活态度，并不是只有穷人才需要节俭，而是任何人都应该有节俭的意识。英国女王伊丽莎白二世经常说的一句英国谚语是“节约便士，英镑自来”，每天夜里，她都亲自熄灭白金汉宫小厅堂和走廊的灯，她还坚持把牙膏挤到一点不剩。

人们的生活条件正在变得越来越好，因此，有些人认为不用再那么节俭了。现在有很多的大学生，花钱大手大脚，出门总是打车，不愿意乘坐公交车，吃饭也尽量去高档的饭馆。衣服穿得稍微旧了一点就扔掉，饭菜不合口味就倒掉，从来没有想过自己浪费的都是父母辛辛苦苦赚来的血汗钱。

澳大利亚属于发达国家，人们的生活较为富裕。然而，澳大利亚人却信奉：再富也要“穷”孩子！他们的理由是，奢侈惯了的孩子，长大以后就会乱花钱，总有一天难免吃大亏。曾经有一家普通的澳大利亚人家，夫妻二人到医院看病，妻子进了诊室，丈夫便带着六岁的女儿在外面大厅等候。一会儿，女儿说口渴了，父亲便在旁边的自动售货机上拿了一个免费纸杯，走进洗手间接了一杯自来水，递给女儿(澳大利亚的自来水可以饮用)——那位父亲不是买不到饮料，因为旁边的自动售货机正在出售可乐。他更不是买不起饮料，他是一家食品公司的经理，年薪 20 万美元。

节俭，就是一种理财方式，平时养成习惯，该花的就花，不该花的就坚决不花，这样才能积累更多的财富。有一句俗语说："如果你总是买你能买得起但不需要的东西，总有一天，你就会买不起你需要的东西。"

在现在的都市中，有这样一群人，他们的收入颇丰，可是生活上非常节俭，而且还能把日子过得非常舒服。他们的节俭并不是过去的那种要从牙缝里抠出一分钱的概念，而是对过度奢侈和烦琐的一种摒弃，崇尚的是一种简单生活。不是不消费或减少消费，而是在消费上精打细算，用尽量少的钱获取尽量多的享受，满足尽量多的需求。这样的生活态度，才没有背离节俭的原则。

理财小讲堂

日常生活中的节俭小妙招：

第一，晚上 9 点以后去超市。很多超市的果盘、沙拉、糕点、熟食等，都会在晚上 9 点开始打折，这个时候去超市购物，就非常划算。

第二，买机票在上午。一天内上午买机票最便宜，因为机票的折扣通常隔夜后会进行调整。而且要避免周一上午和周四晚上出行，因为这两个时间段乘坐飞机出行的人特别多。

第三，选超市自有品牌。对于一些日常生活用品，很多超市都会推出自己的品牌，不仅物美价廉，而且质量与品牌商品不相上下。

第四，买打折的电影票。除了众人皆知的星期二全天电影票半价外，有的电影院特地推出“女士之夜”，女士享受半价；还有类似的“信用卡之夜”——就是持指定信用卡即可享受半价优惠。

第五，购买电器时认准节能标志。购买新电器时，别忘了找一下节能推荐标志，这个标志意味着电器运转成本更低。

苏东坡的钱袋

苏东坡是唐宋八大家之一，中国历史上著名的散文家和词人。他21岁中进士，前后共做了40年的官。有一次，苏东坡因为政治原因，被降职贬官来到黄州，薪俸减少了许多，这让他的日子过得捉襟见肘，连请朋友喝点酒都很困难。后来，在朋友的帮助下，他得到了一块地，就开始自己耕种起来。除了吃饭自给自足，他的俸禄也得精打细算。为了不乱花钱，他先把所有的钱都拿出来，平均分成12份，规定自己每个月只能用一份；然后每份又平均分成30小份，每天只能用一小份。钱全部分好后，每一小份都装在一个小布袋里，然后挂起来，每天取下一小袋，作为全天的生活费用。花钱的时候还要仔细权衡，能不买的东西坚决不买，这样一来，有时候一天的一小份钱还有一些剩余，苏东坡就把这些剩余的钱存在一个竹筒里，以备意外之需。

过日子需要精打细算，一代大文豪都这么算计日常生活费用，作为普通人，更要懂得过日子需要细水长流。省一块钱要比挣一块钱容易多了，把日常开销节约10%，生活基本上没有任何改变。与开源相比，节流总是容易得多。

说起过日子精打细算，美国前总统奥巴马一家也毫不逊色于苏东坡。当时奥巴马虽然是一个世界超级大国的最高领导人，但是和世界上其他各国最高领导人比起来，薪水算不上很高。2010年，英国《经济学家》杂志曾把若干位国家或地区的领导人年薪排过一个名次，奥巴马以年收入40万美元名列第七。在美国，年薪40万只能算是收入较高的“工薪阶层”，远远谈不上富豪。为了把日子过好，奥巴马一家执行了一套非常有效的理财计划。

奥巴马小时候由外祖母照顾，他从外祖母那里学来了不少理财经验。“不管你赚多少，都得省着点儿花。”外婆这样告诉奥巴马。“外婆是个伟大的人，她务实、能干，虽然只有高中学历，却从小文员一直做到银行副总裁。她靠一点一点地攒钱，把我送进最好的中学。在她看来，积少成多是理财最重要的道理。这一点让我一辈子印象深刻。”奥巴马说。

在外婆的影响下，奥巴马一直过着节俭的生活，即使做了美国总统，他也没有改变这个习惯。他经常光顾的一家洗衣店老板说：“奥巴马非常节俭。没当总统时，他经常送洗的是一些在街头杂货店买的衬衫；现在虽然身为总统，但衣服仍旧没有多少高档名牌。有一次奥巴马来店里，委托我们缝补一件里子磨破了的外套，像这样的外套，一般的家庭都会直接扔掉。”他的夫人米歇尔也是一样，虽然贵为第一夫人，却总是经常光顾平价服装店。2010年，她在华盛顿参加一个圣诞庆祝会，穿了一条从二手店淘来的黑色长裙。让米歇尔引以为豪的是，她并没有因为衣服廉价而让人觉得有失品味，相反，靠着巧妙的搭配，她还被《时尚》杂志评选为“全球衣着品位最佳女性”。

奥巴马的女儿玛丽亚过生日时，父母连一件礼物都没有送她。有朋友打趣说他们“不称职”，米歇尔说：“为什么还要花钱买礼物？为了请她的小朋友们来聚餐，我们已经花了几百块，这难道还不够？”奥巴马则说：“作为父母，我们想让孩子从小就明白，花钱要有度，不能铺张浪费。”

不管贫穷还是富有，都应该看牢自己的钱袋，任何时候都不要轻易往外掏钱。比如在购物时，可以等一下再付钱。开票后不要急于走向付款台，拿着小票在商场中走一圈，或许你会发现有比这更好更便宜的物品。大多数时候，人们购物只是一时的冲动，过后就要后悔。而且，买东西的时候还要尽量避免和朋友一起。人都有这样的坏习惯，就是有朋友在旁边的时候，会花超出自己预计的钱来维持自我形象。如果是自己去购买一件外套，也许会买比较便宜的，如果有朋友在旁边，就会偏向于购买贵的那一款。总之，不管用什么方法，一定想办法捂紧钱袋，这才是至关重要的。

理财小讲堂

作为一个普通人，如何从购物中节省开支呢？

第一，去超市之前，先确认自己到底需要买什么，并且列出一个详细的购物清单。在超市抢购打折商品时，严格按照清单，要控制自己的购物欲望，不要看着什么便宜就买下来。否则，就会买回来一堆虽然便宜却不需要的东西，不但是累赘，还浪费钱。

第二，对于同一类商品，要多计算单价与划算度。决定购买某一种商品时，一定要在购物前作比较。看同类商品中哪一种打的折扣低，同时还要比较原价的高低，综合考虑之后再做选择。

第三，去超市的时候，带上一个计算器，带上能够利用的现金券，将能利用上的资源全部利用上，久而久之，就会省下不少钱。

第四，超市、商场等地方办会员卡时，如果是免费的，不要嫌麻烦，办上一张，随身携带。说不定哪天购物的时候，这张会员卡就用上了。

爱“拼”才会赢

一位出租车司机在汽车站附近准备拉活。这时,一位农民工模样的人走过来问:“师傅,去火车站多少钱?”

“打表!”司机头也不抬地说。

“30 元钱去不去?”农民工问。

司机想了想说:“这样吧,你出 30 元可以,但我不把你送进站,在车站的对面下车,你自己走进去。”

“行!”农民工说着,不知从什么地方又冒出 2 个人,三个农民工一起将各自的包袱放进车的后备厢。待 3 人车上坐定,出租车向火车站驶去。

一路上没有堵车,三个农民工在车里安静地坐着,一句话也不说。司机感到纳闷,暗想,这么严肃的农民工还真是少见。

很快,到了车站,司机把车停下,让他们下车。坐前面的农民工拿出 10 元钱放在副驾驶台上,转身准备下车,后面的 2 个农民工也打开车门。司机急忙一把拉住前面那位给钱的农民工说:“说好了 30 元,你怎么只给 10 元?”

给钱的农民工指着后面的两个农民工说:“他们每人给 10 元。”

司机惊奇地问:“你们不是一起的?”

后面的两个农民工每人给了10元,然后其中一个农民工说:“我们根本不认识,上出租车之前我们谈好的,每人10元坐出租车到火车站。听说你们城里人现在流行‘拼客’,我们也跟着赶了一回时髦,嘿嘿。”

拼客是近年来出现并迅速流行起来的新兴群体,在网络上更为盛行。这里的“拼”不是拼命,而是拼合的意思。简而言之,就是把更多有相同需求的人拼合起来,形成更大的力量,花较少的钱,消耗较少的精力,做成想做的事情。也就是大家组合起来去做一件事,目的是共同负担原本由一个人负担的消费,这样就能为个人节省很多开销。

拼客消费的模式和AA制有些类似,只不过AA制通常在熟人之间进行,而拼客却没有那么多的限制,很多拼客都是陌生人。

上班乘公交车太慢,而购买私家车短时间内又不现实,这样的难题使许多都市白领选择了拼车,大家共同分摊坐车的费用,一般以公司同事、小区邻居为伙伴。女白领小蔡刚搬进新房子,由于新家距离单位较远,而且要经过交通繁忙地段,她只能每天早上提前一个多小时出门。虽然打车可以节约一些时间,但每天50元的打车费让她吃不消。于是,小蔡在网上发帖,寻求“拼车”,没想到当天就得到了刘先生的回应。刘先生每天开车上下班,他的办公地点离小蔡单位不远,正好可以捎上她。为了不浪费资源,小蔡又在小区里找到了几个上班同路的车友,4个人每人每天凑5块钱给刘先生。虽然比坐公交车贵一些,但省了很多时间,而且比坐公交车舒服得多,车主也可以赚点油钱,对彼此都有利。

在拼客们看来,不但是衣、食、住、行,凡是能资源共享的任何一项活动,都能“拼”出来。“拼”代表的不是抠门,而是一种精明与节俭的生活理念,是人们的消费观念和行为走向成熟的表现,也是一种节俭和环保的生活方式。

理财小讲堂

时尚拼客大搜罗：

拼房：拼房，通俗一点的说法，就是找人合租房。许多刚参加工作、收入不高的年轻人，在拼客网站上发帖子，很快就能找到“拼房”伙伴，这样大家就能分摊房租，节省开支。

拼车：拼车就是在起始地和目的地相同或相近的情况下，几个人结成伴，一起搭车，车费均摊，这样长期下来，也能节省不少开支。

拼吃：想吃大餐，又嫌价格太贵，最好的办法是找人“拼”。约几个有共同口味的朋友，吃完后按AA制付账。既经济实惠，又人多热闹。

拼学：拼学就是一起结伴考研、学英语、上培训班等，可以互相分享学习资料，交流学习心得。既省钱，又能结识不少学友。

拼购：拼购就是一些打算购买同一款物品的人，大家拼到一块儿去买，这样就可以以较低的价格购买到物品，节约了开支。

拼卡：拼卡就是指两人或多人合办一张卡、共用一张卡，比如购物卡、游泳卡、健身卡、美容美体卡等，由于这些卡一般都有使用期限，一个人很难在规定的期限内用完一张卡，这样几个人合用，就可以降低成本。

妻子的记账本

有一对夫妻，开了一家小吃店，日子虽然过得很不错，可是也说不上很富裕。妻子总觉得有一些钱不知道花到哪里去了。于是，妻子决定每天记账。当他们开始记录每天的花费后，很惊讶地发现，他们每个月居然花掉大约300元用来买酒！然而，他们并不是酒鬼，只不过待人热情，经常请朋友闲的时候到小吃店里来喝一杯，这种事情多了，花的酒钱也就成了一笔不小的数目。了解到这种情况后，他们做了一个明智的决定，他们不能再这样开免费酒吧了。于是，他们的账本上每个月都多了300元。

养成记账的习惯，有助于了解个人或家庭的花费去向。一个月汇总一次，这样每月哪些是固定的支出（水费、电费、煤气费等），哪些是弹性支出（娱乐费、餐饮费、社交费等）便可一目了然。可以适当地将每月的弹性支出压缩，节省不必要的开支，积攒积蓄。同时也能知道哪些地方超支了，哪些地方该节省了，能起到监督的作用。

理财就是为了更好地规划生活，让自己的日子过得更好。而记账就是为了让自己明白哪些钱多花了，哪些钱没必要花，哪些钱如何花才能更有价值。所以，如果要理财，就要先会记账。

记账看似简单，但是能坚持下来却不容易。人们不习惯记账，除了动力和精力不够外，也因为它太琐碎了。其实，记账并没有想象的那么烦琐，只要把记账当成一种习惯，时间长了，也就变成生活的一部分了。尤其现在不少网站都提供简单易操作的记账工具，记账已经变得简单、快捷，所以，不妨行动起来，给自己建立一个账本。账本的内容分收入、支出、余额三部分。支出一定要记得特别详细，详细的支出记录可以有效地控制购物的欲望，避免冲动消费。

有些时尚的年轻人开始在网上记账，还把自己的日常开支在网上公布出来。这样一来，有些热心的网友就会提醒他，某方面花钱有些大手大脚了，还有的网友会告诉他什么东西买贵了，哪里有更便宜的。通过这种交流方式，既可以梳理自己的生活开支，也能与网友交流消费心得，还可以获得很多优惠信息，向别人学习理财的方法。

不过，也有人认为，虽然记账了，可是没有多大的用处。因为记归记，该花的还是在花。理财专家认为，记账不能像记流水账那样，首先要对每个月的开支做个预算，比如家用、外用、零用等，对每一项都列个预算支出数，然后再对每笔开销实行记账。最后，等到月末的时候，还得进行对比。比较之下，就能看出差异，然后再有针对性地改进。也就是说，记账不光是毫无目的的记，还得经常反思，调整和修正自己的消费习惯，最终学会做预算和控制开支，让自己的消费计划更有条理。

理财小讲堂

记账需要技巧，下面这些技巧也许可以帮你养成并保持记账的好习惯：

第一，记账要收集单据。在记账时，集中好凭证单据。例如，将购货小票、发票、银行扣缴单据、刷卡签单、银行信用卡对账单及存、提款单据等都保存好，这样记录的时候就会井井有条。

第二，每月将收支细化并且分类。记账收支两项要分明，每项里再细分，比如支出可分为衣、食、住、行、日用、通信、娱乐、其他支出等。

第三，记账必须要坚持。不要一时冲动，就想到记账；一时心灰意冷，就放弃了。理财是一项长期的活动，必须要有长久的打算和坚持到底的决心。

第四，要保证账目记录正确。记账金额一定要准确、清楚，日期也一定要正确。收支日期就是业务发生日期，特别是跨月的情况，最好不要含糊。

第六章　玩转信用卡

有些人使用信用卡，是因为信用卡有提前透支功能，购物的时候非常方便。但是，如果认为信用卡的作用仅此而已，那就说明他还没有真正了解信用卡。因为如果运用得好，信用卡还是帮人们省钱和赚钱的工具。而且，通过信用卡还可以建立良好的个人信用，在银行贷款时，能享受到较好的优惠条件。但是，从另一方面来说，信用卡有时候也会加剧负债，使自己的经济状况整体恶化。所以，只有善于利用信用卡，让信用卡为自己服务，而不是做它的奴隶，这样才算真正玩转了信用卡。

忘记带钱包的灵感

20 世纪初，美国有个商人叫弗兰克·麦克纳马拉。有一次，麦克纳马拉在纽约一家饭店招待客人用餐，就餐后，正要结账离开，他突然发现忘了带钱包。正当麦克纳马拉尴尬之时，饭店老板走过来，亲切地拍了拍他的肩膀，“亲爱的先生，没有关系，我知道您是一位守信用的人，我相信您，下次来时一起付好了！”一句真诚的话语，不仅解除了麦克纳马拉的尴尬处境，也温暖了麦克纳马拉的心，回家之后，他很快就把欠的账款送来了。这件事启发了麦克纳马拉的灵感，他想，如果要是能建立一个餐馆赊账系统，这样，像他这样经常需要大把花钱的人就不用随身携带现金了。

1950 年，麦克纳马拉和他的好友施奈德合作，投资 1 万美元，在纽约创立了“大莱俱乐部”，即大莱信用卡公司的前身。它是世界上第一家信用卡公司。大莱俱乐部为会员们提供一种能够证明身份和支付能力的卡片，会员凭卡片可以记账消费。这种卡片就是最原始的信用卡。后来，信用卡慢慢在全世界流行开来。

最早发行信用卡的机构并不是银行，而是一些百货商店、饮食业、娱乐业和汽油公司。当时美国的一些商店、饭店为招徕顾客，有选择地在一定范围内给顾客发放一种类似金属徽章的信用筹码，后来演变成为用塑料制成的卡片，作为客户购货消费的凭证，顾客可以在这些发行

筹码的商店及其分号赊购商品，在约定的期限内付款。

信用卡在它最初问世的日子里，引起了很多人的好奇，由于它的付款方式新颖而独特，而且能给人们带来很大方便，因此，后来用这种塑料卡片付账的人越来越多。人们越来越多地使用信用卡购买衣物、食品、玩具等，随着时间的推移，人们越来越离不开这种卡片了。

1952 年，美国加利福尼亚州的富兰克林国民银行首先发行了银行信用卡。此后，许多银行都开始发行信用卡。到了 20 世纪 60 年代，银行信用卡在社会上已经非常普遍。信用卡不仅在美国，而且在英国、日本、加拿大以及欧洲各国也盛行起来。从 20 世纪 70 年代开始，新加坡、马来西亚、中国香港、中国台湾等发展中国家和地区，也开始发展信用卡业务。

信用卡发展到现在，使用的人越来越多。但是，信用卡给人们带来方便的同时，人们一不小心也会被信用卡拖入地狱。因为一旦信用卡的欠款还不上，银行也不是好惹的，欠到一定的数额，就会毫不客气地将用户告上法庭。

在这个信用经济日益重要的时代，没有信用卡是非常不方便的。不过伴随着信用卡的普及，各种用卡不当，导致持卡人陷入困境的事件也越来越多。比如银行在推广信用卡的时候，都会强调其免息期，但还是有人因为对这些免息规则了解不够，而白给银行缴纳了不少冤枉钱。若是想要避免走入困境，就需要学习一些巧妙使用信用卡的知识和技巧。

每一张信用卡几乎都有一个隐藏的超限额度，这个超限额度一般为信用卡额度的 10%左右，当刷爆信用卡的时候，就很容易动用超限额度，而一旦使用了超限额度，就意味着要缴纳相当于超限金额 3%到

5%的超限费。因此，千万不要刷爆信用卡。

如果能熟练掌握信用卡的使用规则，信用卡就会成为个人理财的好帮手，银行不仅无法从中赚取太多利益，甚至还要贴补为其服务。如果不懂规则，信用卡不仅不会给自己带来便利，严重时还会造成不可收拾的局面。因此，只有熟练掌握信用卡的实际使用技巧，才能最大限度地挖掘信用卡的各种功能，让信用卡切切实实地为自己服务。

理财小讲堂

对于刚刚使用信用卡，或者想要办理信用卡的人来说，信用卡最高透支额度是个陌生的概念。而且，这个概念非常重要，如果弄不清楚，就不能熟练使用信用卡。那么，应该怎样理解信用卡最高透支额度呢？

信用卡最高透支额度，就是信用卡的最高信用额度，即持卡人在无须存入备用金的情况下，能够消费的最高额度。最高透支额度是银行根据持卡人的消费状况、刷卡和还款及时性等具体情况，提供给持卡人的。

当拿到银行寄来的信用卡卡片时，一定要注意同时寄来的关于此卡的说明，上面会清楚地注明信用卡最高透支额度等信息。如果觉得你的信用卡额度太低，可以在正常使用三个月之后，申请提高信用卡的透支额度。

贵宾室里的聊天

刘萧大学毕业后留在了上海工作，由于离老家贵阳较远，他每年只有在春节的时候才回家。有一年春节前夕，刘萧乘飞机回家过年。他在候机室恰好碰到老同学李蒙，李蒙看到刘萧由于连日加班疲惫不堪的样子，就邀请他到一个机场贵宾室里候机。

在贵宾室的门口，李蒙拿出一张卡，给接待小姐看了下，就被接待小姐热情地迎入贵宾室。在贵宾室里，刘萧和李蒙喝着免费的饮料，一边看电视节目一边聊天。刘萧说："老同学混得不错啊，乘个飞机还能进贵宾室。快说说，怎么回事？是不是飞黄腾达了？"

李蒙听了，笑了笑，把刚才那张卡拿出来，给刘萧看了看，说："哪有什么飞黄腾达，不过是一张信用卡而已！"

原来，李蒙的信用卡是专门针对有车一族的龙卡汽车卡，这种信用卡不管在何地的该银行网点和贵宾室，都可免费享受贵宾待遇。在银行设在机场的贵宾室里，李蒙只需要出示龙卡汽车卡，就可以进去休息了。而刘萧也是有车一族，也有信用卡，但因所持卡为普通卡，没有办法享受汽车卡的附加服务。

目前，各个银行都在大力发行信用卡，不但有丰厚的礼品赠送，还推出了很多种类的特色信用卡。最常见的是航空卡，各银行针对商旅人士的用卡特点，陆续推出了适合商旅人士使用的，具有独特附加价值的信用卡。对于很多商旅人士来说，航空卡成了钱夹里的必备卡。

其次，还有专门针对女性的女性信用卡，这类信用卡的卡片设计精美，还有女性专属服务。由于女性的信用程度普遍高于男性，而且绝大多数的中国女性通常掌握着家庭的经济大权，刷卡消费的频率要大大高于男性。因此，银行为了抢占女性消费市场，将女性卡的透支额度制定得更高。

此外，还有银行专门为淘宝一族量身定做的淘宝信用卡，不仅可以实现在线支付，还可免费领取淘宝 VIP 钻石卡，享受淘宝会员待遇，在淘宝购物就能享受打折优惠，非常适合爱上淘宝买东西的淘友。

大学生信用卡也是一款特色信用卡，大学生信用卡是银行针对大学生的特点而量身设计的。比如，某银行的大学生信用卡不但具有普通信用卡的各项功能，还根据学生的特点，专门设计了集权威信用报告、特色分期付款、优惠取现服务和免费异地存款等专项附加服务，使大学生们从中得到了很多实惠。

如何能在众多的信用卡中选择适合自己的种类，且可以轻松享受到很多“增值”服务。其实，银行信用卡在开发之时，就有明确的客户定位，因此，根据自身情况选择一款合适的信用卡，并不是很难的事。比如，如果是有车一族，选择信用卡时，就要有针对性地选择那些专门为有车族打造的信用卡，这类信用卡除了有一般信用卡的功能外，还有一些独特的附加功能，供有车一族专享。例如某银行的龙卡汽车卡，可免费享受数十次的洗车服务、车险优惠、积分换油等各种高附加值服务；而另一家银行与某企业联合发行的一款信用卡，还提供了不限次道路救援、不限次紧急送油以及汽车紧急救援服务。虽然信用卡的种类日益丰富，不过，只有针对自身情况，选择适合自己消费情况的信用卡，这样才物有所值。

理财小讲堂

随着时代的发展，信用卡也设计得越来越时尚，越来越新颖。比如中国建设银行结合电影《变形金刚》，发行了一款主题信用卡，这是建设银行发行的首张 JCB 品牌信用卡，也是中国第一款以变形金刚为主题的信用卡。该卡一共有 4 种卡面设计，分为电影徽章版、电影精英版、动画徽章版、动画领袖版，不但具有 JCB 国际信用卡品牌以及建设银行信用卡的基本功能和服务，还可享受消费积分换取变形金刚原版玩具等各种专享体验和服务。

JCB 是世界通用的国际信用卡。JCB(吉士美卡，或称日财卡)是日本信用卡行业的开路先锋，是该行业首屈一指的品牌。JCB 于 1981 年作为第一个美国系统以外的信用卡品牌，开始了在海外拓展特约商户的业务。

空难中的保险金

2004年11月21日凌晨，一架小型客机从包头飞往上海。不幸的是，飞机刚刚起飞，就坠入距机场不远的南海公园，机上47名乘客和机组人员全部遇难。此次事故中，机上的47名乘客中有26名在某人寿保险公司购买了保险。得知事故消息后，这家保险公司立即启动突发事件应急处理程序，成立了应急事故处理小组，落实了参保人数，实行了先行赔付。每一位遇难乘客将获得一定数额的保险金。

但是，令人不解的是，在这次空难中，有一位遇难乘客的家属也得到了某人寿保险公司的保险金，而这位乘客生前并没有购买这家人寿保险公司的保险。这是怎么回事呢？

原来，这位遇难乘客由于使用了某银行推出的信用卡支付飞机票款，虽然没有购买航空意外险，但根据这家银行与该人寿保险公司的协定，自动获得了该人寿保险公司100万元的航空意外保险。

目前许多信用卡都拥有一定的附加功能，像医疗、保险、教育、旅游、车辆救援等，有些服务还是完全免费的。例如，有一家银行推出的信用卡，率先为持卡人提供24小时的意外入院医疗保险，并可获得价值5000元的入院医疗保险金。这样一来，一张信用卡卡片还成了一个保险单。

其实，很多银行的信用卡都和保险公司联合，将保险公司的意外险或者医疗保险作为促销优惠送给持卡客户，客户只要办理了相应的信用卡，就可以获得巨额的保险。保险服务正在成为越来越多信用卡的附加功能，例如，有一家银行开通了一项特别的服务，持卡人每

月只需交费 4 元，即可享受 5 万至 50 万元的意外身故、残疾保障险；此外，若是乘坐飞机或轮船、轨道交通工具发生重大事故，则可直接获得 25 万至 50 万元的赔偿。平时经常乘坐交通工具的人，不妨开通这一费用低廉的服务。

信用卡推出的这一服务，使得持卡人得到更多的实惠。比如，同样是保 50 万元飞机意外和 20 万元轮船、火车意外，保险公司的一年保费大约为 100 元，且不保其他意外原因造成的身故、全残。相比之下，通过信用卡“投保”，一年保费仅为 48 元，而且保障范围更广泛，性价比显然比普通保险更高。

信用卡所赠保险通常以意外险为主，比如人身意外险、航空意外险和旅游交通意外险等。这些保险产品价格比较便宜，投保手续简单，理赔界定容易，对投保人没有特殊要求，保险公司操作起来也比较简便，因此很受欢迎。在普通人看来，这些保额动辄几十万元的保险，确实比玩具熊更有价值。其实就银行来说，向保险公司购买这些产品的成本，与向玩具厂商购买玩具熊的成本不相上下。一款信用卡的发行量一般在 10 万张以上，所以银行在跟保险公司谈判时，一般都能争取到绝对优惠的价格。

与保险公司销售的产品相比，随信用卡赠送的保险一般在保障期限、保障范围、保额上都很固定，持卡人只能被动接受，而无法自主组合搭配。所以，信用卡保险只宜作为正式保险的补充，而不能完全代替正式保险。这就好比拥有一款带摄像功能的手机，并不意味着因此不再需要数码相机。因此，从自身的安全考虑，持卡人最好还是到保险公司，找专业保险代理人，为自己量身打造一套完整的保险计划。

理财小讲堂

对于信用卡所赠送的保险，一定要明白以下两点：

第一，很多银行信用卡所赠保险赔付是有条件的，一般来讲，银行大都要求必须使用信用卡刷卡付费，而且万一发生保险事故时，要在规定时间内与保险公司联系，而不是银行。所以持卡人一定要弄清楚所赠保险产品出自哪家保险公司，以免发生理赔时出现麻烦。

第二，有些信用卡保险期满后，如果续保，就需要持卡人自己支付保费。所以，消费者在申请信用卡时一定要问清赠送保险的期限，到期续保是否免费。因此，对于持卡人来说，如何享受信用卡的这一附加服务，需要花点心思，否则不仅享受不到保障，还有可能不明不白地在免费期过后被扣除保费。

爷爷留给孙子的车钥匙

一位大富翁在临死之前，把家人都叫到床前，然后颤抖着从枕头下摸出一把车钥匙和一张某银行信用卡金卡，把它们都交给孙子，断断续续地说："从你出生那天起，爷爷就想送你一辆车，今天，我终于完成了这个心愿，死也可以瞑目了。这张卡就不要扔了，我走时把它放在我旁边。"

孙子望着车钥匙和那张磨损得连颜色都快掉光的信用卡，终于明白过来，禁不住泪如雨下，紧紧握住爷爷的手说："亲爱的爷爷，我终于明白了，这 66.67 年来，您为什么每个月都坚持要刷满五万元的信用卡额度，为什么无论刮风下雨也要在最后还款日去还钱。5 万×12 个月×66.67 年≈4000 万，4000 万除以 20 等于 200 万积分，原来您是为了攒够积分，给我兑那辆车啊！爷爷，这样的大恩，我再也没有机会回报您了……"

大富翁无力地微笑着，说："傻孩子，你终于明白了。这部车，你要好好爱护它，虽然家里还宽裕，但是为了兑这部车，还是花了我毕生的心血啊，而且，若不是上天保佑，咱再有钱，也兑不起啊……"

孙子说："爷爷，这全都是您的心血啊！"

大富翁说："孩子，如果这家银行规定信用卡的最高额度不是五万，而只是两万，如果这个牌子的车不是一直持续生产了 60 多年，最重要的，如果这家银行的积分不是永久有效，我的心愿也不会实现。"

孙子说："我明白了，这部车子包含的东西太多太多了，爷爷，我一定会像爱护自己的眼睛一样爱护这辆车的，您就放心吧。"

大富翁满意地点点头，然后安详地闭上了眼睛。

这个诙谐有趣的故事告诉大家，信用卡的积分是可以用来换礼品的。信用卡积分是指用所持信用卡进行消费，银行按照一定的规则给予积分，等积分达到一定数量时，可拿积分来兑换银行提供可选范围内的礼品。

目前，各个银行都会给持卡人计算消费积分，不同的积分水平可以换取不同价值的礼品。有些银行还会在一些重要的节假日进行信用卡促销活动，比如多倍积分、刷卡送礼、刷卡折扣、积分抽奖，等等。平时留心一下这些活动，就可以获得更多的实惠。

刷信用卡得积分，得了积分换礼品，这是刷信用卡的一大优势。而且，如果巧加利用，还能得到额外收益。比如打算买一件物品，需要一笔钱，而手头现金紧张，这时不用找别人借钱，也不用拿信用卡透支取现，这时如果能碰上同事 AA 制的聚会，就可以先拿自己的信用卡刷，再从同事那儿拿到现金，拿的现金就可以用来买东西，而自己的信用卡也添了不少积分。

其实，信用卡可以渗透到生活的各个方面。如果能抓住生活中每一个刷卡的机会，几年下来，获得的积分将非常可观。

大多数信用卡只要在有效期内，消费积分就有效。有些银行的信用卡积分有效期只有几年，过期则无法使用。因此，使用积分时，一定要注意积分的有效期限。此外，还需要注意的是，大多数情况下，如果用信用卡在网上购物，是没有积分的。现在，网购的年轻人越来越多，但许多人并不知道多数银行的信用卡在网购交易中是不产生积分的。此外，购房、购车以及医院缴费时使用信用卡，大部分也是不产生积分的。因此，在使用信用卡的时候，一定要对积分规定了解清楚，否则就很难得到应该享受的权利。

理财小讲堂

用信用卡消费，有很多时候是不能获得积分的。一般来说，信用卡积分存在以下两个障碍：

第一，银行积分范围划分不明确。什么能积分，什么不能积分，信用卡客服人员往往只是机械地照搬积分法则或者积分计划条款里的“积分使用范围”，而对于具体细节无法给出解释。

第二，POS机系统设置有差异。信用卡消费依赖POS机，而有的POS机是不能积分的。因此，如果用POS机刷卡，是否积分还要取决于商户POS机的类型和系统设置。如果商户是消费类，使用的POS机是批发类，这在大多银行都是不计积分的。至于如何判别是否成功积分，这需要交易入账成功之后致电客服查询确认。

情侣巧做“跨国生意”

小辉在新西兰留学，毕业后在当地找工作一直不太顺利。妈妈劝他回来算了，因为没有工作，长期待在国外也不是办法，也许回来亲戚朋友还可以帮助找工作。没想到，小辉神秘地告诉妈妈，他正在和女朋友小薇搭档做网络代购生意，虽然没有发大财，但他在国外的小日子其实过得挺滋润。

小辉的生意，其实无非就是在新西兰倒腾点绵羊油、奶粉之类的日常用品，快递回上海，由女友小薇负责在网上销售，然后再批发点 T 恤、围巾等两地价差悬殊的商品，运到新西兰，由小辉负责在新西兰销售。一个月下来，两人不仅赚足了生活费，还有不少结余，正计划着存钱买房子呢。

妈妈不解地问：“那你们之间的资金往来怎么办？要跨国汇款，你们赚的那些钱还不够交手续费呢！人民币换新币，新币再换人民币，有 2 次汇兑损失，恐怕你们白忙活一场，赚的钱都落在银行腰包里了吧？”

小辉很不屑地说：“老妈，信用卡是用来干吗的？”

见妈妈不明白，小辉只得耐心解释：原来他和女友早就在上海办了信用卡，主卡是小薇的，附属卡归小辉，两张卡的账户是同一个，方便管理。小辉在新西兰采购时就用信用卡消费，小薇在上海把商品销售掉以后，用人民币还款，小金库由小薇管理，而小辉在新西兰销售商品所得的货款，就是他的生活费。

小辉的妈妈这才明白，原来儿子是在用信用卡做“国际”生意。

用信用卡消费，无论在国内还是国外，均无须支付手续费。而且，在国外消费还可免去现金汇兑损失。在不同的国家持卡消费，汇率按信用卡国际组织当天公布的利率，折算成卡片的外币币种入账，比“兑换店”的汇率要优惠得多。比如在韩国、泰国和新加坡使用“银联卡”时，取款和消费时自动兑换成当地货币。在取款和消费完成后，“中国银联”将根据交易当日的市场汇率，转换成人民币金额提供给内地发卡银行，由发卡银行即时扣除持卡人的账户余额，持卡人不存在汇率风险。

信用卡具有方便、快捷的特点，及其附加的个性化服务功能，因此信用卡成为出国消费的最佳金融工具。经常出国的人，不妨到银行办一张外币卡。虽然有的银行会收取一定的年费，但基本上不会超过300元。

信用卡是出国留学不可或缺的，即将出国留学的学生可以和家长一起办理一张信用卡。主卡留在国内，由家长保管，附属卡交给孩子。这样，家长就可以随时查看到孩子的消费情况，以便及时给他汇钱。

家长和孩子在拿到信用卡时，最好一起认真了解一下所持信用卡提供的各种服务，重点是看一下还款期限，以及所有有关罚款的各项规定。一切规定了解清楚了，才能使用自如。这样，出国巧妙使用信用卡，主卡在国内存款无须手续费，附属卡在国外消费也无须支付手续费，免除了汇款环节，几年节省下的费用将十分可观。

理财小讲堂

在申请信用卡的表格上，一般都有写是否申请附属卡，两者可以同在一张表格上申请。那么主卡和附属卡之间是什么关系呢？

附属卡的申请标准，应该是主卡持卡人的配偶、子女，或者是亲属。附属卡的信用额度共用主卡信用额度的部分或全部。同时，未达到信用卡申请标准年龄，也可以申请附属卡（前提是父母申请了主卡）。附属卡产生的未还清费用，由主卡持卡人负责偿还。

由于主卡和附属卡持卡人使用的是同一个额度，持卡人可能不太清楚彼此刷了多少钱，万一超过额度，则会带来麻烦。所以最好保留每次消费的签账单，以确定双方已用了多少额度。待每月的对账单寄来时，要仔细的核对清楚。需要注意的是，一旦主卡挂失，附属卡将不能使用，附属卡挂失则不会影响主卡。

第七章　鸡生蛋，钱生钱

常言道：穷人债养债，富人钱生钱。其实这句话是说，穷人只知道辛苦工作，把钱花光，最后财富还是无法增加。而富人更懂得让自己的财富增值，懂得给自己开辟财富渠道，让财富源源不断地增加。因此，为了给自己建立财富之源，一定要想办法让“钱生钱”，而不是把它放进银行。“世界上最伟大的力量不是原子弹，而是复利！”这是爱因斯坦的名言。因此，哪怕是一块钱，也要充分利用起来，让它在未来赚更多的钱。

国王的“不合理”奖励

《圣经》中有这样一个故事：从前有个国王，打算到一个遥远的地方去一段时间。动身前，他交给三个仆人每人 10 个金币，并让他们在自己远行期间去做生意。

一年之后，国王回来了，他把三个仆人召集到一起，问他们赚了多少钱。第一个仆人赚了 10 个金币，第二个仆人赚了 5 个金币，第三个仆人因为怕亏本，什么生意也不敢做，手里最终攥着的还是那 10 个金币。

于是，国王奖励了第一个仆人 100 个金币，奖励了第二个仆人 50 个金币。第三个仆人认为国王会奖给他 10 个金币，可国王不但没有奖励他，反而将他原来的那 10 个金币没收，并赏给第一个仆人。国王说：“凡是少的，就连他所有的，也要夺过来。凡是多的，还要给他，叫他多多益善。”这个理论后来被经济学家命名为“马太效应”。

在理财的时候，同样会存在马太效应。比如一开始，你手头的钱少，问题并不大，关键就在于你是否想由少变多，是否能让少变多。如果你不去理财，那么只能像第三位仆人那样，不但不会变富，反而财富会越来越少。因为金钱有时间价值，放着不用，其价值就随着时间的流逝缩水了，而且其损失的远不止有限的“银行利息”，而是比利息多得多的投资机会成本。

曾经有两个小伙子，小孟和小萧。两人是大学同学，巧的是两人毕业后进了同一家公司，都是做程序开发。两人学历一样，收入相同。但是几年之后，小孟不但买了房子，还风

风光光地结了婚。而小萧依然和别人一起住在一间租来的小房子里，天天省吃俭用。两个智商和学历都差不多的人，生活怎么会有这么大的差别呢？

原来，工作不到两年，小孟就发现当时股市比较红火，他就买了股票分析软件，天天研究K线，并把平时积攒的6万元钱全部投入到了股市中。一年多的时间，他的股票市值就涨到了12万元。后来，他见股指涨幅太大，各种技术数据也显示风险的降临，便果断平仓。这时，单位附近正好开发了一条商业街，由于当时股市红火，所以买房的人很少，房地产开发商不得不将现房降价销售，于是，小孟便用这12万元买了一间沿街商业房。三年过后，他的沿街房升值到了36万元。后来，小孟见当地房产价格已经见顶，于是又立即将房产出手，36万元全部买了某开放式基金，结果一年多时间又实现了20%的赢利，36万元成了43.2万元。这时候，小孟和女友商量结婚，就用这43.2万买了一套新房。

而小萧不喜欢这么“折腾”。为了稳妥起见，他一直把积蓄存在银行，满足于每年坐收利息。当时银行1年期定期储蓄的年利率为2.25%，扣除20%利息税，实际存款利率只有1.8%，如果以年均CPI（居民消费价格指数）为4%计算，1年期存款的实际利率为1.8%－4%

=－2.2%，也就是说，小萧的积蓄在不断负增长。所以几年下来，小萧仍然一无所有。

在中国的许多家庭里，为了应付医疗费、养老费、教育费、婚嫁费，都不敢花钱，即使有多余的钱，也都老老实实地放进银行，这使得我国居民储蓄率远高于发达国家。大家无奈地看着财富在负利率的作用下，一天天缩水，而又无可奈何。30 年前一套房的钱，现在缩成了一间房，再过 30 年，可能会缩成房间的一个角落。所以，在利率不变且很低的时期，银行定存不但流动性较差，也无法抵御通胀。明智的做法，就是想办法投资，这样财富才能像雪球一样越滚越大。

理财小讲堂

所谓负利率，就是指通货膨胀率高过银行存款利率(负利率＝银行利率－通货膨胀率)。在这种情形下，如果把钱存在银行里，财富不但不会增加，反而随着物价的上涨缩水。如果银行存款利率是5%，而同期通胀率达 10%，这时将钱存入银行就非常吃亏。

经济学家认为，当物价水平维持着一定程度的温和上涨，只要政府维持低利率政策，实际存款利率为负的可能性就很大。存款负利率给储户带来的影响是很明显的。在负利率的条件下，最好还是把财产通过各种理财渠道进行保值和增值，例如购买股票、基金、外汇、黄金等，这样才能保证财产不会大幅缩水。

“小西瓜”的未来

有个小女孩，拿着 1 元钱到一个大瓜园，告诉瓜园的园主她想买西瓜。园主看了一眼小女孩手中的 1 元钱，这点钱连一块西瓜也买不到，便想赶紧把她打发走，就顺手指了指瓜地里一个拳头大小、还没有成熟的西瓜说：“1 元钱只能买这种小西瓜。”园主本以为小女孩会知难而退，谁知小女孩点点头答应了，并且把钱递了过来。园主不解地问：“小西瓜又不能吃，你要它干什么？”小女孩说：“现在不能吃，过一段时间就能吃了。反正我交了钱，这个小西瓜就是我的了，过半个月我再来拿。”

园主一听傻眼了，因为卖小西瓜是自己主动提出来的，所以只能吃这个哑巴亏了。半个月后，小西瓜已经长大了，小女孩来到瓜园，抱着那个已经成熟了的大西瓜高兴地走了。

聪明的小女孩也许没有想到，她买瓜这件看似不起眼的小事，其中却蕴含着“超前投资，赚取未来钱”的投资理念。在投资理财的过程中，如果能灵活地运用好这一理念，善于投资买“小西瓜”，也会使你的资产增值速度加快。

生活中其实有很多可以投入少量的资金，在未来赚取高额利润的事情。曾经有个爱好摄影的美国人，这个人年轻时有一段时间天天“不务正业”，背着个相机在小学校附近溜达，拍一些小学生嬉闹玩耍的照片。20 年之后，这位摄影家突然在报纸上刊登了一则启事，说手上有大量珍贵的老照片待售，每张价格为150美元。当年的那些孩子都已长大成人，都很怀念已逝去的美好童年，非常想知道自己小时候的模样。于是他们纷纷前来购买老照片。没过多久，所有的照片便销售一空。这位摄影家以20年前不起眼的投入，赚了一大笔钱。

一般来说，摆在眼前的钱，大家都能看得到，并且在通过努力之后基本上都可以得到。至于未来的钱，心中往往没有底，然而懂得理财的人，会凭借自己的眼光，把未来的钱赚到手。比如许多人投资都会看中房产，但是现房的价格一般都很高，而期房的价格则相对便宜。在楼盘发售前期，由于还没有建好，就好像没有成熟的"小西瓜"，所以价格会比较优惠，随着建筑期不同，房子渐渐完工，价格也会相应地提升，等到现房时价格会达到顶峰。如果这个时候买房子投资，因为房子价格较高，所以回报率也是有限的。要是在房子没建好之前交钱预购，等到签订正式购房合同或现房出售时，房子已经有了一定幅度的增值。就像小女孩买的小西瓜，等了半个月之后，"小西瓜"就变成成熟的大西瓜了。这个时候，既可以将房子转手卖掉，赚取利润，也可以将房子出租，获取高于别人的投资回报率。可见，买"大西瓜"的人，不如善于挑"小西瓜"的人，后者更能赚取利润，这就是一种懂得超前投资的智慧。

理财小讲堂

只要善于发现，其实可以超前投资的项目有很多，比如巧妙投资股票和基金。

原始股和潜力股：拥有股票的人，不妨到证券公司办理新股自动配售或自动申购，这样一旦中了号，就等于买上了一个便宜的"小西瓜”，原始股上市时必然会获利。另外，每到年末，券商和机构一般都要调整股票和现金的比率，同时这个时段也往往是政策的“真空期”，因此这时的股价一般较低，如果在这个时候选择价位较低的潜力股，就可以耐心地等待升值的机会。

开放式基金：因基金受股市的影响较大，股市下跌时，发行完的基金有可能会跌破发行面值，如果这时看好一只基金，就可以采取“申购”的方式、以低于发行面值0.1元左右的价格买到手，等到大市转暖、基金净值增加，涨到1元发行价的时候，别人才刚刚解套，你已经有10%的收益了。

两个不同的挑水工

很久以前，在一个偏僻的小村子里，有两个年轻人，一个叫鲍勃，一个叫威廉。由于年轻力壮，他们都希望能多挣点钱，可是一直没有机会。

一天，村长对他们说："我决定交给你们一项重要的任务，就是为全村人挑水，因为你们是村里最强壮的年轻人。"两个年轻人一听，便高兴地接受了。因为在一个缺水的村子，水的价值很高，谁去挑水，谁就能挣到钱。

第二天，两个年轻人就开始去挑水了。这一天，他们每人挑了五趟，村长给了他们每人 5 个钱币，虽然很累，但是两个人都很高兴。

一连过了十来天，鲍勃和威廉天天挑水，虽然挣得钱越来越多，但是，身体也越来越疲倦。鲍勃想，这样下去，迟早有一天身体会累垮的。要是能修一条水渠，从村里通到河边，这样就可以一步到位了，之后坐享其成即可。只是在修建成功之前，需要付出很大努力，甚至做出很大的牺牲。

鲍勃把自己的想法告诉了威廉，威廉说："真是异想天开！你想修一条水渠？那怎么可能？难道你不知道修一条水渠需要几年的时间吗？花几年的时间去干蠢事，我才不干呢。有力气还不如每天多挑几桶水呢，这样当天就能从村长那里拿到钱。"于是，威廉照样每天从早到晚去挑水，照样每天能赚很多钱，照样每天去酒馆喝酒。而鲍勃每天只挑一个小时的水，保证挣来的钱够自己生活就行了，其余的时间全部用来挖渠，大家都笑他傻。

一晃几年过去了，威廉挑水已经挑得背都驼了，他很沮丧，感到身心疲惫，对这份工作也觉得越来越力不从心，而且也看不到任何的希望。而鲍勃的水渠在这个时候挖通了，清澈的河水就这样源源不断地流向了村子，那个每天挑水的威廉也无事可做了，他失业了。而挖水渠的鲍勃现在是睡觉的时候都在赚钱，因为水渠里的水一直在不停地流淌，人们每天都要用水，只要用水，就得付钱给他，鲍勃很快就成为村子里第一个富人。

有很多人就像威廉一样，一生埋头于一份工作，兢兢业业，勤勤恳恳，用时间和辛劳换取一份报酬。一小时的工作换一小时的报酬，一个月的工作换一个月的报酬，一年的工作换一年的报酬。就像现在许多公司的白领，虽然他们每个月都有丰厚的薪水，但是这种收入其实也暂时的。也就是说，他们就像威廉一样，挑水的收入是暂时的，而不是持续的。如果威廉某天扭伤了腰，或者早上醒来发现自己背部扭伤，起不了床，那一天他就不会赚到一分钱！白领们也一样，如果哪天自己突然因为某种原因无法继续工作了，他们的结局会和威廉一样不幸！

任何类似于威廉挑水的工作都是一样的。如果他们不一直挑水，他们就不会得到薪水。这样的工作是非常脆弱的，一旦自己发生点意外，没法继续工作的时候，日子将会过得很惨。但是，如果能趁年轻时为自己修建一条源源不断的财富渠道，那么无论将来发生什么事，都不会中断收入。努力修建自己的财富渠道，经营自己的生命线，才是拥有财富的最终方向。

理财小讲堂

普通人如何整合资源，建立自己的财富渠道呢？一般来说，可以考虑一下几种方式：

第一，自己创办一个企业。如果能够投资一些钱，每天用几个小时的业余时间经营，建立一个属于自己的小型企业，并保持发展下去，这样过几年之后，就有了一份源源不断的收入。

第二，加盟一个企业。如果具备做生意的正确心态和经验，并有良好的人际关系，就可以加盟麦当劳、星巴克等类似的企业，努力几年，也能建立起自己的财富渠道。

第三，投资项目。如果你已经拥有自己的企业，有一定的经济能力，可以考虑投资一些钱，给那些有梦想，想做点事，但又没背景、没资金的人，让他们去经营项目，通过这种方式，也相当于给自己修建了一条财富渠道。

马克思 600 英镑炒股

1864 年，马克思在伦敦生活，他在经济上一直比较拮据，经常依靠恩格斯等友人的资助。他的身体状况也很差，医生告诫他不要从事长时间的脑力劳动。可是，由于囊中羞涩，再加上脱离工作，马克思当时的生活非常窘迫。当年五月，马克思的一个朋友去世，因为知道马克思的经济很紧张，就在遗嘱中把 600 英镑的遗产赠予马克思。对于生活拮据的马克思来说，朋友的这次遗赠，是他一笔很大的收入。

当时，英国的股票市场呈现一片繁荣景象，股价波动较大。有了这笔资金，马克思便决定投资英国股市，一为给自己找些乐趣，二为体验一下股民的生活，赚些生活费用。于是他用 600 英镑分批次购买了一些英国的股票证券，之后就耐心等待市场变化。在他觉得政治形势和经济态势逐渐好转，股票价格开始上升一段时间后，就迅速地逐一平仓。

通过这一番炒股操作，马克思居然赚了 400 多英镑的净利润！对于这段经历，马克思在写信给一个亲人时特意说：“医生不许我从事长时间的脑力劳动，所以我就做起投机生意来了！主要是做英国的股票投机，我用这个办法已经赚了 400 多英镑。”

马克思投资炒股的故事，让人们感到股市真是个神奇的地方。那么，人们到底是如何利用炒股赚钱的呢？简单地说，股票是指持有公司所有权股份的有价证券。例如，某人开了一家公司，发行了 5 股股票，每股股票价值公司所有权的 20%。如果你已经有了 1 股，然后又买了 1 股，那么你在这家公司的股权就上升到了 40%。

大多数情况下，股票是由一张被称为“股票凭证”的纸来代表的。但是，在互联网发展的今天，实际上不再需要股票凭证了。股票按照行号代名被持有，意味着经纪人都用电子文档的方式保存记录了。

股票本身没有价值，它是虚拟资本的一种形式。股票之所以能够有价，能够买卖，是因为股票的持有人，即股东，不但可以参加股东大会，对股份公司的经营决策施加影响，还享有参与分红与派息的权利，获得相应的经济利益。

对于普通人来说，购买某公司的股票，就是为了投资。就像投资房地产一样，如果计划得当，你的股票投资也能达到同样好的回报。

跟房地产很相似，股市也有涨有跌，没有任何股票投资是万无一失的。但是，风险越高回报越大。在开始投资前，一定要明白自己的风险承受能力，以及可以用于投资的时间。最好不要专职炒股，如果每天都花上 8 小时去炒股，那么付出的时间成本就太高了，因此，最好不要把股票投资当成生活的全部。

由于股票价格要受到诸如公司经营状况、供求关系、银行利率、大众心理等多种因素的影响，其波动有很大的不确定性。正是这种不确定性，可能使股票投资者遭受损失。价格波动的不确定性越大，投资风险也越大。因此，股票是一种风险较高的金融产品。

理财小讲堂

新手投资股市的几条忠告：

第一，切忌盲目买入。很多人刚进入股市的时候都是很盲目的，因为不懂股票，也不了解炒股的规律，所以自己没主见，捕风捉影，听见风就是雨，结果自己吃亏。

第二，不要相信小道消息。股市就像一个大的战场，大家为了各自的目的，各种消息层出不穷。一个理智的股民，一般都会坚持走自己的路，不被小道消息迷惑。

第三，克服贪婪的弱点。贪婪是人性的弱点，也是投资理财的大忌，它会让投资者失去理智。对于股市投资者而言，更应自觉克制贪婪的欲望，让自己时刻保持清醒。

第四，切忌“把所有鸡蛋放在一个篮子里”。有些人喜欢“孤注一掷”，如果觉得哪只股票好，就一下子把所有的资金投入进去，就像赌博一样，事实上，这样的做法风险太大。

基金，让别人帮你赚钱

兔子小灰和小白是兄弟俩，他们都生活在同一片大森林中。有一天，小灰对小白说："咱们已经长大了，该想办法赚些钱了。"小白说："可是我只有40块钱，你只有60块钱。我们怎么赚钱呢？"

小灰想了想说："听说大灰熊很会赚钱，咱们去请他帮忙吧。"

小白点点头，于是小灰和小白找到大灰熊，说明了来意。大灰熊说："这样吧，你们一个出60元，一个出40元，共100元钱交给我，我来帮你们投资。将来不管是赚了钱，还是赔了钱，你们两个都要按各自的比例承担，和我没有关系。你们看怎么样？"

小灰和小白听了，有大灰熊帮自己投资，自己不用操心，将来还能按比例获得收益，就高兴地答应了。果然，半年之后，大灰熊用小灰和小白的钱投资成功了，小灰和小白都赚了一笔钱。

在这个故事中，其实，小灰和小白的这100元就算是个基金了。大灰熊就是所谓的基金公司，而小灰和小白就是基民。

简单地说，基金就是大家把钱凑在一起，交给一群专业的人来帮你投资。如果这些钱主要投入到了股票市场，那这个基金就是股票基金，股票涨了，基金就跟着涨，股票跌了，基金就跟着跌。如果这个基金的钱主要投资债券，比如国库券、公司企业的债券等，这个就叫债券基金。

事实上，基金公司不可能只把基金投到一个地方，他们一般是既投

资股市，又投资债券，甚至还投资其他地方。他们会根据市场行情来分配投资比例，股市好的时候就多投资点股市，股市不好，就多投资点其他地方。

人们买基金的目的是为了赚钱，所以，在投资一家基金之前，一定要看清楚这家基金公司是不是可靠，是不是能赚钱，这是选择基金的第一步。初次买基金的人，最好找那些比较大的、整体实力强的公司。买基金之前，先查看这家公司以往的基金涨势，如果在行情不好的时候，这个基金公司的很多基金还能保持好的势头，或者能比别人少损失，这样的基金公司实力就很强，可以考虑选择投资。

选定了基金公司后，还要了解一下基金经理。基金经理就是由基金公司委派，直接管理某只基金的人。基金经理的水平，会直接影响到基金的业绩，所以，投资前还要了解这个基金经理的专业背景，以及他以前管理的一些基金的业绩。如果这个基金经理在业内有很好的声望，买他的基金，自然把握就大些。

每家基金公司旗下都有好几只基金，有股票型基金、债券基金、混合基金，还有货币基金等。至于选哪一种基金，一定要考虑清楚，而且不能盲目听信别人的意见，要有自己的主见。收益与风险往往是成正比的，股票基金收益高，但风险也相对较大，所以，股票型基金比较适合既有固定收入，又喜欢激进型理财的中青年投资者。债券基金收益低，风险也相应较低，风险承受能力差的人宜购买债券型基金。所以，买基金前要衡量好自己抗风险的能力，从而选择一只适合自己的基金。

对于没有投资经验的人来说，最好是以基金定投的方式来理财。基金定投是定期定额投资基金的简称，是指在固定的时间，以固定的金额投资到指定的开放式基金中，类似于银行的零存整取的方式。这样投资可以平均成本、分散风险，比较适合长期投资。

由于基金"定额定投"的投资方式起点低、方式简单，所以它也被称为"小额投资计划"，或"懒人理财"。基金定期定额投资具有类似长期储蓄的特点，能积少成多，平摊投资成本，降低整体风险。它有自动逢低加码、逢高减码的功能，无论市场价格如何变化，总能获得一个比较低的平均成本。只要选择的基金有整体增长的趋势，投资人就会获得一个相对平均的收益。

除了定期定额，基金投资还有单笔投资。相对定投，单笔投资，也就是一次性投资，收益可能很高，但风险也很大。而"定额定投"的风险则明显较低。

基金投资是一种新的生活方式，长期坚持，就能持续分享理财的成果。

理财小讲堂

对于普通人来说，如何投资基金呢？

选择投资基金时，可以参考自己的年龄、收支状况、家庭负担、个人性格等，估计自己的风险承受能力和变现需求。然后，根据风险承受能力和变现需求，再挑选合适的基金类型，确定各类型基金的投资比例。

投资基金一般有个年龄规律，对于55岁以下的工薪阶层来说，用100减自己的年龄，是投资股票基金的参考比例，其余资金可投资货币基金或债券基金。

对于55岁以上、接近或已经退休的人来说，可以选择以货币基金、债券基金为主进行投资，投资股票基金的比例最好不要长期超过20%，因为人到了这个年龄，承受风险的能力一般比较差。

农民的美元和比索

在美国和墨西哥的边境，住着一个精于算计的农民。别人都以种地维持生计，而这个精明的农民根本不种地，仅仅依靠自己的 10 美元积蓄，天天享受着不错的生活。

这个农民是用什么方法不劳而获的呢？原来，他每天早晨起来，在美国这边的酒店花 1 美元买一杯啤酒和一盘牛排，吃完后，他拿着剩下的 9 美元来到墨西哥。这时已经过了中午，他在当地银行按 1∶3 的汇率，将 9 美元换成 27 比索，然后拿出 3 比索，在当地饭店继续喝一杯啤酒，吃一盘牛排。晚上的时候，他拿着剩余的 24 比索回到美国这边，再按美国 1∶2.4 的汇率，换成 10 美元。这样，一天下来，他等于白白享用了啤酒和牛排。

这个精明的农民其实是利用了汇率来投机取巧的，也算是一种炒汇行为。汇率就是一国货币兑换另一国货币的比率。由于世界各国货币的名称不同，币值不一，所以一国货币对其他国家的货币要规定一个兑换率，即汇率。

外汇的汇率是在波动的，炒汇就是根据汇率的变化进行外汇买卖，从中获取差额利润。炒外汇可以双向操作，就是可以在货币上升时买入获利，也可以在货币下跌时卖出获利。如果你购买的货币在上涨，你就赚钱了；你卖出的货币在下跌，你也赚钱了。

在各项投资之中，炒外汇算是比较公平的投资方式之一。外汇市场的行情和数据，都是公开的，就是一个国家政府也无法干预外汇行情的走势。而且由于是全球性的市场，行情被个人或机构控制的机会很小，所以相对于股市来说，汇市更加透明和公平。

炒汇更吸引人的是，类似澳元、英镑这样的币种利息远高于人民币，即使考虑到汇价波动，依然有很大套息空间。但是，个人炒汇，要有合法外汇来源。个人外汇买卖的基础是居民手中的原有外汇。我国居民获得外汇的主要渠道，有侨汇、回国劳务人员所带外汇、回国留学人员所携带的外汇、外企公司职员的外汇薪金收入等。

外汇市场是一个高风险的市场，因为决定外汇价格的变量太多。对于炒汇的投资者来说，有必要了解一些有关风险概率方面的知识。也就是说，在外汇投资中，应该充分认识风险和效益的问题。如果对风险控制没有一个准确的认识，随意进行外汇的买卖，那么就必然会亏钱。

投资外汇，最好是用“闲钱”，也就是一时没有迫切用途的资金。如果用生活费来投资，万一亏损，就会直接影响到家庭的日常生活。或者用一笔别有他用的钱来投资，心理上已处于下风，决策时就难以保持客观冷静的态度，在充满风险的投资市场里就容易失败。因此，投资外汇，一定要量力而为，千万不可孤注一掷，把一生的积蓄或全部家底都投进去。因为在这种情况下，一旦市场走势预测不准，就有倾家荡产的可能。

外汇市场瞬息万变，每一变动都可能造成汇率的波动，只有牢记风险，科学止损，及时获利了结，才能在汇市立于不败之地。

理财小讲堂

炒汇与炒股相比，有哪些优势和特点呢?

与炒股相比，炒汇无论是在交易方式、交易时间、影响因素、跌停限制等方面，都有自己的优势。

不管是何种方式的投资，投资者最担心的都是风险问题。和炒股相比，炒汇每天的交易量巨大，无人可控盘，保证金少，成本小，受数据、技术影响较大，无涨跌停限制，咨询开放，信息广泛。而股票易受庄家控盘，全资运作，多少钱买多少股，受政府政策的影响大，有涨跌停限制，造假，造市，人为因素及信息不易掌握等缺点，因此可控制性小，相比较起来，炒汇风险较小。

此外，炒汇没有时间限制，可以24小时交易——汇民可根据自己的习惯，安排交易时间，迅速应对市场变化。

房产，最稳妥的投资

宋朝初年，有位官员叫薛居正，他为官清廉，当了多年的官，也没攒下什么钱，倒是辛辛苦苦置下一处房产。后来他死了，老婆孩子没钱用，就把房子让给别人住，还约好期限，只能住五年，五年期满，房子再还给薛家。当然这五年不是白住的，对方给了薛家一笔钱，以供薛家老小应急。

五年的期限到了，那家人家把房子还给了薛家，奇怪的是，薛家又把当初这家人给的钱原数不动地退给了人家。

这到底是怎么回事呢？薛家既然那么缺钱，为什么不收房租呢？原来，在宋朝的时候，这种租房的方式叫出典，就是既像出租，又像典当。也就是说，在这笔房屋交易中，那家人实际付出的“房租”，就是那笔钱五年期的存款利息，得到的却是五年期的房产使用权。“房东”薛家实际付出的只是五年期的房产使用权，得到的是一笔五年期的无息贷款。在房子和钱的所有权都没有发生转移的前提下，一方暂时有房居住了，另一方暂时有钱应急了，双方互惠互利。

从出典的故事可以看出，在古代，房产产生的收益是很低的。可是到了现代社会，房产投资却成了人们理财的一种重要手段。大家都知道，房子不单单是用来居住的，它还可以出租甚至转手出售，从中赚取利益。

“买房置地”自古以来就是中国人所特有的一种理财传统。最近几年，我国的房地产市场一直呈上升的走势，如果有一定的积蓄，就可以进行房产投资。房产投资可以在购房后长期坐收房租，也可以在房产价格攀升到一定价位时抛售。

房产投资，一般是投资者通过银行按揭方式将住房买下来，再租出去，通过租金来抵消银行的月供款，达到“用别人的钱为自己养房”的目的。有位在上海工作的女白领周小姐，贷款买了一套高档的单身公寓，不过，她没有搬入新居，而是把房子出租出去，每月租金 3000 元，自己再租房住。原来，周小姐在公司有宿舍，每月只需付 200 元，条件也不错，而且，上下班也方便。这样不但可以省下乘坐公交和地铁的花销，还能小赚一笔，真是一举两得。

进行房产投资，无论是购买新房也好，二手房也好，首先要最大限度地掌握房源信息。这样，才能占据买房的主动权，面对铺天盖地的大量售房信息，可以对房价、位置、面积等因素仔细比较，然后综合衡量，从中选出真正具有升值空间的房子。

在房地产业界有一句投资的“至理名言”：第一是地段，第二是地段，第三还是地段。由此可见，地段在房产投资者眼中的分量。投资房产的目的是为了获取较高的房租，以及获取房产的升值收益。因此，如果投资的是住宅房，应充分考虑周边的生活环境和人文环境，如果存在着噪音污染、物业管理缺陷等因素，则会影响将来房子租金的收入和房产升值；如果投资的是沿街的商业房，就要仔细考虑该地段的商业环境、周围的城建开发进度等因素。

需要注意的是，虽然房价的上涨不可避免，但房产投资需要一定的资金实力。同时，房价也有下跌的风险。所以，要投资房产，就要切实分析自身的风险承受能力，量力而行，一定不可盲目投资。

理财小讲堂

同一般投资相比，房地产投资具有以下特征：

第一，投资对象的固定性和不可移动性。房地产投资对象是不动产，具有固定性和不可移动性，这对房地产的供给和需求有很大影响，如果投资失误，就会造成严重后果。

第二，高投入和高成本性。房地产业是一个资金高度集中的行业，投资一处房地产，少则几百万元，多则上亿元。因此，投资房地产，要有一定的经济实力。

第三，长周期性。整个房地产投资的实际操作，就是房地产整个开发过程。因此，最终收回全部投资资金，需要相当长一段时间。

第四，高风险性。由于房地产投资占用资金多，资金周转期又长，而市场是瞬息万变的，因此投资的风险也更大。

第五，低流动性。房地产投资成本高，不像一般商品，可以在短时间内轻易脱手，投资者一旦将资金投入房地产中，其资金就很难在短期内变现。

第八章　收藏品，把艺术变成金钱

一直以来，古字画、古董、瓷器、金银、玉石等收藏品，都是人们热衷的投资对象。随着社会的发展，人们的精神需求增加，艺术品收藏变得炙手可热，成为继股票、房地产之后的第三大主要投资对象，受到人们的追捧。但是，艺术品收藏也有风险，因为艺术品投资市场存在不少赝品，所以选择投资收藏品时一定要擦亮眼睛，仔细辨别真伪，从而保证个人资产持续上升，真正达到理财的目的。

古钱币，物以稀为贵

唐高祖武德四年，为整治混乱的币制，皇帝下令开铸“开元通宝”，取代社会上遗存的五铢钱币。最初的“开元通宝”几个字，由当时的书法家欧阳询题写。据说，欧阳询写好之后，拿去给皇帝看。当时，皇帝正和一位美丽的妃子一起游玩，当皇帝拿起由欧阳询书写的“开元通宝”钱范时，只见那几个字俊秀之中透着书法大家的气派。钱范就是古代铸造钱币的模子，一般称为钱模。唐高祖微微一笑道：“就按此范铸造。”这时，他的妃子也非要亲眼看一下，就百般娇柔地伸出纤纤细指，捏住了那个钱范。

就这样，唐朝的“开元通宝”钱币的背面，就多了一个女人的指甲印痕。正是这个传说中的指甲痕，让这种钱币成了古往今来钱币爱好者梦寐以求之物，同时，也让它的身价远远高出同时期的普通钱币。

常言道：物以稀为贵，钱币收藏更是这个道理。比如某些古币虽年代久远，由于铸量极大，出土的数量也很多，所以价格并不一定很高。如西汉的时候，从武帝至平帝年间，共铸五铢钱 280 亿枚，使用 300 多年之久，由于其量大，所以价格很低；而比汉代晚 1000 多年的明朝钱币，定价就普遍高于汉五铢，如明代“宣德通宝”、“弘治通宝”，价格均在几十元以上，就是由于其稀缺的缘故。

普通的古钱币，大部分价值不高，如“光绪元宝”、“康熙通宝”之类

的铜钱。但是,那些比较稀有的钱币,像李自成、太平天国等农民起义政权发行的货币,因为时间短、有地域性的局限以及发行量小,所以更值钱。比如明末张献忠农民政权所铸的“西玉赏功”铜钱,现在一枚的价格高达 3 万元。我国历史上的辽、金、西夏、元等少数民族政权所铸造的钱币,其价值也高于同期汉族政权的铸币,“雕母”、“母钱”、“钱范”、“开炉钱”、“库镇钱”等,更是古钱中的珍品,其价格往往在数千元到数万元。

还有一些比较有收藏价值的,是由于匠人在古币上的杰作。古代铸币不像现在这样严谨,虽然也是由国家管控,但是地方也有造币机构,有时候造币的匠人也会将自己的创意悄悄地铸在钱币上。这样比较少见的钱币,就具有很高的收藏价值。比如在宋朝宋徽宗时期,曾经铸造过一种钱币叫崇宁重宝。存世的大多数“崇宁重宝”钱币都很普通,背面没有任何图案。但是,却有一些很稀少的“崇宁重宝”,虽然钱币正面很普通,但是背面很特别。钱币背面是一匹马,而且不是货币上常见的立马、奔马图案,是一匹倒仰在地面上的马。

这是怎么回事呢?原来,宋徽宗时期,是个赋税繁重,国家力量薄弱的时代,常常受到北方金国和辽国的侵犯。很多老百姓痛恨不断来中原骚扰的金国和辽国,造币的工匠就在造币的时候造了这样一匹摔倒的马,意思是希望入侵宋朝的军队都能摔得人仰马翻,寄托了工匠对辽、金军队的痛恨之情。这种背面有仰躺在地上的马的“崇宁重宝”古币本来就很稀少,如果能淘到这种古币,就有极高的收藏价值。

可见,只要是稀少的,便是珍贵的。古钱币是我国古代社会发展变迁的缩影，从战国时的“齐刀币”，到辽金时代的“五笔正隆”，再到各种版的“大观通宝”，种类丰富，绚丽多彩，文字的书法风格也是变化万千。所以，投资者在进入钱币收藏领域之前，必须具备一定的钱币收藏知识。另外，古钱币的收藏还需要有丰富的历史知识，尤其是要熟悉中国历代纪年以及各朝年号，这样才有能力鉴别出古钱币的真假，不花冤枉钱，也不会影响到收藏的乐趣和心情。

理财小讲堂

钱币收藏属于大众收藏，门槛较低，交易相对灵活，但是也有一些需要注意的禁忌事项：

一忌头脑发热，感情冲动。在钱币市场发现自己喜欢的藏品时，不要立刻喜形于色，而是先暗中观察，不动声色，把价格砍到最低时再成交。

二忌听卖者讲“故事”。有的卖家为了吸引买家，就会给买家讲故事。常见的有“祖传”、“扒房子、挖地基时发现的”、“急用钱”等。其实这些故事大多是卖者自己瞎编的，如果不仔细辨别，相信了卖家的“故事”而盲目买入，容易上当受骗。

三忌随心所欲，见啥买啥。钱币收藏要有目标、有计划。必须根据自己的财力和爱好，有选择地加以收藏，最好是少而精、成系列地收藏。

四忌盲目买入。钱币市场充满着诱惑，同时也充满着风险，其中最常见的风险就是收藏假币赝品。钱币造假自古就有，特别是价格昂贵的珍稀钱品，赝品更是防不胜防。因此，选购的时候，一定要把眼睛擦亮。

素胚勾勒出青花——瓷器

传说，乾隆皇帝有一次外出游玩，途经江西景德镇时，听说这里有一条街叫“瓷器街”。乾隆就带着一个随从来到此地。在瓷器街上转了一圈之后，发现此处的瓷器颇为精美，就打算找个地方喝茶歇脚，好好欣赏一番。乾隆于是就进了一家茶馆，此时，正巧碰上了一个瓷工也来喝茶。于是，乾隆便和对方攀谈起来。

“景德镇的瓷器确实名不虚传，只是还有些美中不足。”乾隆道。

“你觉得什么地方不好呢？”瓷工好奇地问。

“这里的瓷器过于呆板，不会动。”乾隆回答道。

事后，瓷工从别人口中得知，当天和他交谈的是乾隆皇帝。后来，这位瓷工就特别留意瓷器的制作工艺，想方设法要让瓷器动起来。一次，他在元宵节看花灯时，无意中被旋转的花灯所触动，回家就做了两个套装的瓷瓶，外层雕得玲珑剔透，有各色图案纹样镂空的孔窗，内层瓷瓶上描绘了山水人物图案，再在内层瓶底安上一根可转动的轴心，只需轻轻吹口气，内层花瓶便轻轻地转动起来。

瓷工把此瓶称为“转心瓶”。后来，他托人将“转心瓶”送给了乾隆，乾隆大喜，给了这个瓷工很多赏赐。此后，“转心瓶”也慢慢流传开来，许多瓷器作坊都开始制作转心瓶。到了现代社会，转心瓶成了人们投资收藏的热门。乾隆时期的转心瓶依然非常昂贵。比如乾隆“时时报喜”转心瓶，目前估价 2 亿元人民币。而另一件乾隆时期的洋彩雕瓷转心瓶，估价高达 3 亿元人民币。这件转心瓶制作工艺极为精美，在其腹部的外壁上，是一只金灿灿的凤凰，而在内胆里，则刻画了百余只不同种类的鸟禽在仰首鸣叫，形成了一幅活灵活现的“百鸟朝凤”图。

瓷器，是一种比陶器更坚硬的器皿。在古代瓷器收藏中，官窑瓷器要比民窑瓷器更有收藏价值，因为官窑在古代是专为皇帝烧制的，作为皇宫用品，出身高贵，制作工艺精益求精，比起民窑瓷器更有升值空间。

瓷器收藏不能抱着“捡漏儿”的心态。“捡漏儿”，就是以很便宜的价格买到很值钱的古玩，而且卖家往往是不知情的。在收藏品市场上，确实有低价买到高价货的可能，但是这要靠运气和知识经验的积累。因此，投资者一定要抱着平常心态，稳步投资，然后耐心等待稳定的回报。

但是，也得小心不要“卖漏”。在古玩行，把价值高的东西以便宜的价格卖出去，这叫“卖漏”。有这样一件事，2002 年，瓷器藏家梁某手上有一件 7.5 厘米高的青花缠枝花卉纹小水埕，这件藏品看上去满身裂开冰片纹，品相实在是糟糕。小水埕的落款是：大明宣德年制。由于这件小水埕样子实在不好看，所以梁某没怎么犹豫，就卖给了一位朋友，出售的价格是 28 万元港币。

那位朋友买回去之后，就花钱用高科技手段把小水埕彻底地清洗了一遍，把冰片纹里的脏物清理干净，再封上冰片口，请了个高水平的摄影师拍好照片，送去拍卖会。2003 年的香港苏富比秋拍上，这件小水埕拍出 72 万元港币。72 万和 28 万，足足“漏”了 44 万。藏品的来来去去，捡漏了或卖漏了其实在古玩圈里经常发生，只有提高自身的收藏经验，才能使藏品在自己手里升值。

瓷器收藏有很丰厚的利润，有些人甚至指望着靠一件瓷器"一夜暴富"。但是，瓷器属于中长期投资，投资者不能指望靠它一夜暴富。古瓷器投资的价值一般10年后才增长4～8倍。随着收藏品和经验的积累，投资者要逐步淘汰并卖出藏品中的非精品，只留存精品。因为历经市场验证，只有精品中的精品，价值才会只升不跌，具有保值增值的作用。

理财小讲堂

瓷器投资虽然是一个利润很高的领域，但是也充满了风险，投资瓷器应该注意以下几点：

第一，选择相对少、精、异形的古瓷器投资。物以稀为贵，大凡收藏者和买家，都希望自己手头上拥有"独一无二"的器物，因此，某类藏品越少，就越值钱。其次，器物雕琢精美，价值就会高。此外，异形瓷器因工艺难度大、成本高，因此价值也相对较高。

第二，选择那些尚未被人们认识的古代名窑作品。有些古瓷，无论当时还是眼下，都可算作质量上乘的精品，但由于人们因时代、民俗、社会传统等心理因素的影响，可能一时难以认识其真正价值，此时购藏绝对是潜力巨大。

第三，地区差异也是必须考虑的。比如，南北方由于地域观念、艺术品市场存量、消费能力和购买水平的不同，会造成同一器物价格的地区差异。

天然货币——黄金

希腊神话中，有一个贪婪的迈达斯国王，虽然他十分富有，但是他仍希望自己拥有世界上最多的财富。有一次，他偶然遇见了一位神仙，就请求神仙教他点金术，他要把所有经他触摸过的东西全都变成金子。

神仙答应了他的要求，迈达斯国王真的有了神奇的"点金术"的魔力。于是，迈达斯国王试着触摸他的床，木床立刻变成了黄澄澄的金床。欣喜若狂的迈达斯国王立刻让他的桌、椅、碗、筷都变成了他朝思暮想的金子。但当他终于饥肠辘辘，想要吃东西的时候，惊恐地发现，食物经过嘴唇的触碰，竟也变成了坚硬的金子。

迈达斯国王只好去找神仙，神仙指点他去帕克陀罗斯河中洗澡，点金术的魔力于是就消失了。自此，迈达斯国王不再执迷于黄金，变成了一位仁善的君王。

从故事中可以看出，人类自古就对黄金痴迷。"金榜题名"、"金玉良言"、"浪子回头金不换"、"书中自有黄金屋"，在我们熟悉的这些成语、俗语中，无不表达了黄金在人们心目中的崇高地位。而事实上，这种现象的背后，体现的则是黄金作为"硬通货"的保值增值功能。

在中国，黄金更是有着至高无上的地位。几千年来，储藏黄金一直被认为是最佳的保值、避险方式，因此也有了"乱世藏黄金"的说法。马克思在《资本论》里写道："货币天然不是金银，但金银天然就是货币。"

如今，黄金作为一种重要的投资品种，其防通胀、抗风险的功能更是吸引了越来越多投资者的目光。

第一，黄金可以算是世界上所占税项负担最轻的投资项目了。其交易过程中所包含的税收项目，基本上也就只有黄金进口时的报关费用。与此相比，其他的不少投资品种，都存在着一些容易让投资者忽略的税收项目。例如投资股票，如果需要进行股票的转手交易，还要向国家交纳一定比例的印花税。如此计算下来，利润将会成比例减少。

第二，黄金产权转移非常便利。假如某人手头上有一栋房子和一块黄金。当此人打算将它们都送给子女的时候，会发现将黄金转移很容易，让子女直接拿走就可以了。但是房子就要费很多周折，不但要办理过户手续，假如是遗产的话，还要交纳一定的遗产税，这样财产在转移过程中就会大幅缩水。在黄金市场开放的国家里，任何人都可以从市场购买黄金，还可以像礼物一样自由赠送，没有任何制度上的限制。

第三，黄金是世界上最好的抵押品。很多人都遇到过资金周转不灵的情况，这时，黄金投资者就可以把黄金进行典当，之后再赎回。可以用来典当的物品种类很多，除了黄金以外，还有古董、字画等。但是由于古董、字画等投资品的赝品在市场上很泛滥，因此从这方面来看，黄金进行典当就要容易得多，只需要一份检验纯度的报告就可以了。一般的典当行都会给予黄金价值 90%的短期贷款，而不记名股票、珠宝首饰、金表等物品，最高的贷款额也不会超过其价值的 70%。

第四，商品随着时间的流逝，都会出现破坏和老化的现象。而黄金由于其本身的特性，虽然会失去其本身的光泽，但是其质地根本不会发生变化，表面经过药水的清洗，还会恢复其本来的光泽。

第五，近几十年间，通货膨胀导致各国货币缩水情况十分严重，等缩水到了一定的程度时，钞票就会如同废纸一般，而黄金不会受到通货膨胀的影响，因为黄金会跟随着通胀而相应上涨。一百年前，1 盎司(约 31 克)的黄金在伦敦可以定做一套上好的西装。一百年后，1 盎司的黄金依然可以在伦敦定制一套上好的西装。而一百年前，几十英镑能买一套西装，一百年后就只能买到西装的一只袖子。因此，进行黄金投资，是避免财富在通胀中被蚕食的好方法。

可见，黄金能保证投资者减少因经济危机、政治动荡、自然灾害等带来的风险，对于一般的家庭或个人来说，将黄金作为个人理财的方式，是抵抗通胀，保证个人资产保值增值的重要途径之一。

理财小讲堂

黄金饰品是否可以进行投资?

在国内，老百姓平常所能看到的黄金制品，主要是黄金饰品。

但是，黄金饰品并不是一个好的投资品种，因为购买黄金饰品本身所支付的附加费用非常高。从金块到金饰，珠宝商要进行加工，要加上制造商、批发商、零售商的利润，最终到达购买者手中时，这一切高昂的费用都要由购买者承担。所以，黄金饰品的实际交易成本费用非常高。此外，金饰在日常使用中会受到不同程度的磨损，在将旧金饰品变现时，由于其价格更低，所以更不划算。

因此，黄金收藏爱好者和投资者，应该把黄金饰品当作装饰品，或者过年馈赠亲友的礼品，不能与投资相提并论。简单地说，就是黄金饰品不具投资价值。

身价4亿元的古画

在北京某拍卖会上，一幅古画即将开拍。

“一亿一千万！”拍卖师报出开槌价后，场内立即有藏家应价至1.2亿元，之后直接有藏家报出1.6亿元，全场立刻掌声响起。经过五轮竞价，价位已升至2亿元，此时场内仅剩下两位买家竞争，两位竞拍者每次以1000万元的竞价阶梯加价，而每次加价场内都爆出雷鸣般的掌声。又经过14轮的竞价，这幅古画以3.5亿元的天价被其中一位买家拿下，加上佣金，成交价高达4.025亿元。

这幅名为《稚川移居图》的古画，由元末明初的画家王蒙创作，描述东晋时期炼丹家葛洪移居罗浮山炼丹的故事。1380年，明太祖朱元璋以“图谋不轨”之罪，监禁了当时的宰相胡惟庸，因为王蒙和胡惟庸有交情也受到牵连，被打入南京的大牢中，最后王蒙死在了南京的监狱里，王蒙的画作大都被毁或者流散民间。600多年后，这幅《稚川移居图》辗转6个世纪，历经无数收藏名家之手，最后成了苏州著名的私家藏书楼——过云楼第五代后人顾笃瑄的藏品，同时也成了一件稀世珍品。

一幅画，四个亿，对普通业外人士来说，简直不可思议。但是对知道内情的人来说，却在意料之中。首先，元代书画的价值本来就很高，因为元代时间跨度不到百年，却在中国绘画史上有着非常重要的地位，不仅开创了中国文人画的新天地，还诞生了一代名家赵孟頫，以及被后世统称为“元四家”的黄公望、王蒙、倪瓒、吴镇等书画大家。其次，古代书画的寿命只有一千年左右，而有近八百年历史的元代书画，尤其是名家书画，更显得弥足珍贵。而作为“元四家”之一的王蒙，其书画有极高的艺术成就，代表着元代绘画的最高水平，历朝历代都备受推崇。他的《稚川移居图》以四亿多元成交，也就不足为奇了。

古画最大的特征就是存世数量稀少，且作品不可再生。卖一件少一件，古画资源的稀缺性，不可再生的特点决定了它的价值。因此，从投资回报的角度来讲，古画无疑比新画更加稳妥。

但是，投资古画，对投资人的眼力要求特别高。因为投资古画会遇到一个很普遍的问题，即古画真假难辨，尤其是那些稀世珍品，赝品更多，所以要求收藏者必须具备一定的鉴赏力。对于刚入门的古画投资者来说，不要轻易入手，因为古画投资涉及的资金量大，如果没有做好准备工作，没有一定的艺术鉴赏力和对市场的预测能力，那么其结果可想而知。

投资古画，不但需要胆识与气魄，更需要丰富的文物知识与艺术品鉴赏能力。开始收藏古画之前，可以先到国家博物馆里看一下各时期的古画真迹，熟悉各名家作品的特征与风格，时代气息与师承关系等。确定要投资时，最好到知名的大拍卖公司及国家文物店购买，因为这些单位一般都有水平较高的鉴定人员，品种丰富、出处清楚、操作规范，对古画的真伪把握要准确一些，还可以减少中间环节。

想投资收藏古代名人字画，最好作长远打算。自己先初步掌握一些历史、美术史和收藏知识，这样一来，在投资古代名人字画的同时，不但能享受丰厚的经济回报，还能品味古人的艺术思想与文化知识，提高自身的文化修养与内涵。

理财小讲堂

在选择古画投资时，应该特别注意赝品。一般来说，古画鉴定有三个方法：

一是看。甄别古画的时候，首先要对作者的生活年代、用笔方法、构图习惯、师承关系等内容有所了解，然后对画作反映出的内容逐一检查。

二是考证。可以对画作的题款、印章、材质、装裱技术等进行考证。一般来说，每幅古画都题有年代、画家姓名，有时也有作画的地址、赠予何人等信息，藏家一定要查找资料，将画作所有的信息点与历史书籍进行比对。

三是检测。如果有条件，可利用现代仪器，对画作、墨汁、印泥的材质以及装裱的方法和技术进行检测，看是否与画家所处的时代相吻合。

邮票，方寸间的巨额财富

老张和老李都是集邮迷，有一天，老张正在家逗鸟，只见老李乐呵呵地来了。老李一看到老张就神秘兮兮地说："老张，今天真让我捡到大便宜了。"

"噢？什么大便宜啊？"老张一边请老李坐下，一边问。

"我今天在邮市上，以很低的价格捡到了一张错版的蔡伦邮票！"老李得意地说。

"快拿出来瞧瞧。"老张说。

老李从衣袋里小心地取出那枚错版邮票，递给老张。老张拿出放大镜，仔细地看了半天，突然摇了摇头，说："老李，你的这枚错版邮票是假的，你恐怕是上当了！"

"啊？"老李大吃一惊。

原来，1962年，我国发行了一版"蔡伦—公元前"邮票，由于蔡伦的生年难以考证，因此票面年份上写的应该是"蔡伦（公元　？——一二一）汉"，但在原设计图稿上，这一年份被误写成"蔡伦（公元前　？——一二一）汉"。直到印刷打样时，工人们才发现这一错误，于是连忙将印版上的"前"字去掉，但是由于慌张疏忽，每一全张邮票中都有一枚的"前"字漏改，使得几千枚错版票流入市面。当时，工人只将印版上的"前"字去掉，并未补上空格，使得如今正常票年份的标注都是"蔡伦（公

元　？——二一)汉”，“公元”和“?”之间的空格，让邮票贩子有了造假的可乘之机。

错版邮票价值不菲，但也必须是真错版。邮票市场上有很多像老李这样的，由于没有鉴别出真伪，花钱买到了假错版邮票，尽管后悔不迭，但是也无济于事。

集邮是备受收藏者喜爱的收藏项目，不仅很有意义，而且升值空间极高。比如有人在1982年买入了两枚1980年版猴票，每枚票面价值8分钱，结果不到30年，这种猴票每枚的价格已达1万多元，足足翻了125000倍。

邮市的巨额利润，导致了一些唯利是图者为了牟取暴利，便在伪造假邮票上打主意，这样就给一些集邮投资新手带来了不少的麻烦。所以，新手投资邮票，可以找一个邮票投资代理人，就是请资深集邮者代买。比如买一枚牡丹型张，市场价7000元，自己去买，难保真假，请人代办，只要品相好并保真，7200元也是值得的。

如果是自己投资，就要非常小心，要密切关注行情变化，把握进出货时机。报纸上公布的行情，一般要滞后几天，可作为参考。要想获取即时的行情，还是打电话问信息台，或者上网查询。还要密切注意国家政策，因为国家的政策往往会影响邮市。

此外，还要防备三种不能要的票。一是仿造票。这种假票是按照

真邮票仿造的。仿造票多是仿造较珍贵的邮票。其仿造手段也算不上复杂，有的是从报刊和集邮纪念品上剪下改造的，有的是用仿造版模印制的，还有的是用彩色复印机复印的。鉴别这种假票的办法，就是同真票对比一下，也可根据掌握的真票的用纸、齿孔等有关资料来鉴别。二是画票。这种假票是从国外流入的，它一般是选取一些名画、动植物、体育项目等图案作画面。鉴别这种假票，需要掌握历史、地理知识，还要查阅邮票年鉴或目录。三是修改票。这种假票是将一般的邮票改为珍贵邮票。造假手法一般是将新票伪盖上邮戳。鉴别这种伪盖票，可以根据其邮戳（或加盖）的戳记（或字体）的特点来鉴别。

总之，要提高鉴别假邮票的能力，就要勤于研究，积累经验，同时还要学点历史、地理知识，掌握些邮票印制知识和邮史知识等。自己的鉴别能力提高了，就不易上当受骗了。

理财小讲堂

邮票投资，门槛较低，老少皆宜，既可以作为一种业余爱好，也可以作为专门的收藏品。收藏的时候，要注意以下三个方面的问题：

第一，选择邮票投资品种必须把握三个要素，即题材内容好、发行量或存世量少、流通性好。题材内容好，其中又以名人画作和历史题材尤其值得关注；后两项也很好理解，一是物以稀为贵，二是流通好才有大的升值空间。

第二，要有自己的判断，不要盲目跟风，那些价格已经很高的邮票升值缓慢，反而是低迷的回报会高些。如果只想利用趋势炒作和跟风新邮，很可能会套牢自己。

第三，投资邮票需长短线相结合。投资邮票和炒股一样，收益高，风险也高。因此，除了品种的选择之外，何时入手、何时出手，也需要一定的策略。所以投资邮票要想收益好，还应注意长短线结合。

红酒，醉人的液体黄金

据说，从前有一位波斯国王，把吃不完的葡萄藏在密封的瓶中，并写上“毒药”字眼，以防他人偷吃。国王很繁忙，很快便把这收藏忘记了。当时，国王有位妃子被打入冷宫，受人冷眼，生不如死。她凑巧看到这装着“毒药”的瓶子，便起了轻生之念。妃子打开瓶子后，发现里面颜色古怪的液体很像毒药，她就喝了几口，然后万念俱灰地等死。可是等来等去，她发现自己不但没死，反而有种飘飘欲仙的感觉。于是她将这事报告给了国王，国王大为惊奇，就连忙试了试瓶子里变成液体的“葡萄”，发现这种液体果然味道甘甜可口。结果这位妃子再度获得宠爱。这就是葡萄酒的传说，从此以后，人们就开始收藏葡萄酒。

葡萄酒俗称红酒，在国外也被称为“液体黄金”。相对于其他投资方式，葡萄酒拥有其独特的投资优势。首先，葡萄酒携带方便，更重要的是，它不是在某一区域得到认知，而是具有全球认知性，也就是说，这份资产，在全世界都是得到认可的。

投资葡萄酒一般有三种途径，一是买现货酒，但要存在酒商处；二是期酒；三是通过红酒基金或是理财产品。

葡萄酒现货酒，就是所谓的瓶装酒。投资者可以直接通过酒商购买现酒，但是，一定要选择有信誉的酒商。这些酒商一般都提供储藏服务。要抛出现酒时，可以委托酒商或者拍卖行来进行。在葡萄酒交易中，酒商会收取一定的佣金。如果酒存在酒商那里，那么只要将存酒证明进行转手就可以了。

期酒，法文叫作 en primeur，原意是“在其早期”。酒庄通常会在该年份葡萄采收结束后、在酒装瓶之前，开始发售期酒。两年之后，这些酒将被装瓶，然后运送到顾客手中，于是就会成为现酒。不过，因为在期酒变成现酒的两年中，酒还在酿造，品质未知，所以期酒价格一般较低。

如果对葡萄酒不熟悉，但又想参与这种投资，可以选择葡萄酒基金。这类基金由专业人士进行操作，通过基金投资，可以降低获取顶级酒的投资门槛。

葡萄酒投资对投资人的资金实力和专业水平都有极高的要求，而且，目前市场上具有收藏投资价值的葡萄酒极少。对于准备收藏葡萄酒的投资者来说，在高收益高风险面前，还需保持谨慎和清醒。

首先，收藏葡萄酒，一定要懂得品味葡萄酒。收藏葡萄酒时，首先要知道什么样的酒能够收藏，什么样的酒没有收藏价值。比如市面上销售的，没有经过橡木桶储存的鲜酒，就没有收藏价值。而在橡木桶中储存时间更长的，则具有更高的收藏价值。但是，并不是说酒在橡木桶中储存的时间越长越好，时间过长，橡木桶内的味道就会掩盖葡萄酒的味道，会影响酒的品质。

其次，要购买好年份、好庄园的顶级酒。比较好的葡萄酒年份有1982 年、2000 年、2010 年，因为这些都是葡萄收获的好年份。比如1982 年，由于葡萄产地比较干旱，葡萄原料含糖量和酸度高，酿出的酒质量很高。相比之下，著名酒庄也只是一个次要的参考，因为再著名的酒庄，也会受到葡萄质量的影响。

并不是所有的葡萄酒都适合投资。一般来说，酒厂大批量生产的葡萄酒只适合饮用，只有知名酒庄生产的年份较好、工艺上乘的葡萄酒才有升值空间。

理财小讲堂

酒瓶作为盛酒的工具，在名酒的收藏过程中，也扮演着重要的角色。很多名酒的酒瓶，造型千姿百态，非常漂亮，有些酒瓶上还有书法、绘画、诗词等艺术作品，其中不少字画还出自名家。同时，酒瓶上还记载着酒的历史、典故、产地、性质等多种信息，可以说，酒瓶本身就是一种特殊的工艺品，这就决定了酒瓶也有一定的收藏价值。一件现代陶瓷酒瓶可以卖到几元至几十元钱，而一些早些年出品的造型漂亮独特的酒瓶，有的可以卖到数百元。

收藏酒瓶还要看其材质，一般来讲，酒瓶材质各异，品种繁多，因此收藏酒瓶要注重其材质。从全国范围内的古玩市场来看，瓷器酒瓶的收藏价值、市场价格要比玻璃酒瓶相对高一些，这主要是因为瓷器酒瓶相对要少，而且瓷器酒瓶的造型更丰富多彩。

后记

所有的孩子都喜欢听故事。在我们的生活中，故事无所不在，这些引人入胜的故事，有真实的，也有虚构的。但是，孩子们在听故事的同时，也许并没有想到这些故事中还隐藏着丰富的知识。

为了让孩子们在读故事的同时又学到知识、增长本领，我们在安徽教育出版社的支持下，编撰了这套丛书。本系列图书适合青少年的认知特点，通过一系列五彩斑斓的故事，引出一个个知识点，寓教于乐，开启智慧，能有效地拓宽青少年的知识面，是开启青少年智慧大门的一把钥匙。

本书的编者力求文笔生动有趣，符合青少年的阅读口味。同时，每本书都配以插图，与文字相辅相成，图文并茂。

借此机会，向为此书的编写工作做出贡献的彭书平、吴卉、彭月兰、王丹、刘杰、赵龙、吴震宇、张竞文等人表示感谢。

作者